双碳背景下
工业废水处理技术研究

雒怀庆　欧英娟　王创新　著

吉林科学技术出版社

图书在版编目（ＣＩＰ）数据

双碳背景下工业废水处理技术研究 / 雒怀庆，欧英娟，王创新著. -- 长春：吉林科学技术出版社，2023.10
ISBN 978-7-5744-0952-1

Ⅰ．①双… Ⅱ．①雒… ②欧… ③王… Ⅲ．①工业废水处理 Ⅳ．①X703

中国国家版本馆CIP数据核字(2023)第200676号

双碳背景下工业废水处理技术研究

主　　编	雒怀庆　欧英娟　王创新
出 版 人	宛　霞
责任编辑	靳雅帅
封面设计	王　哲
制　　版	北京星月纬图文化传播有限责任公司
幅面尺寸	185mm×260mm
开　　本	16
字　　数	228 千字
印　　张	13.5
印　　数	1–1500 册
版　　次	2023年10月第1版
印　　次	2024年2月第1次印刷

出　　版	吉林科学技术出版社
发　　行	吉林科学技术出版社
地　　址	长春市福祉大路5788号
邮　　编	130118

发行部电话/传真　0431-81629529 81629530 81629531
　　　　　　　　　81629532 81629533 81629534
储运部电话　0431-86059116
编辑部电话　0431-81629518
印　　刷　三河市嵩川印刷有限公司

书　　号	ISBN 978-7-5744-0952-1
定　　价	72.00元

作者简介

雒怀庆，男，1971年10月出生于陕西凤翔，1994年本科毕业于哈尔滨工业大学应用化学与环境系，2003年在辽宁石油化工大学获得硕士学位，2004年在华南理工大学获环境工程专业博士学位后就职于广州市环境保护工程设计院有限公司。工作期间作为骨干成员参与国家自然基金1项，国家重点环境保护实用技术示范工程4项，广东省环境保护科学技术一等奖、二等奖及三等奖各1项，广州市科学技术奖二等奖1项，广东省工程勘察设计行业协会科学技术奖三等奖1项，授权受理专利10余项，参编省级标准2项。

欧英娟，本硕博毕业于湖南农业大学资源环境学院，2014年6月起任职于生态环境部华南环境科学研究所，2018年7月任职于广东省环境保护产业协会（广东省中环协节能环保产业研究院），现任广东省环境保护产业协会固废咨询部副部长，高级工程师。已获聘广州大学资源与环境专业学位硕士研究生指导教师、广东省固体废物环境管理专家库专家、广东省建设用地土壤污染防治专家库专家、广东省环境技术中心生态环境专项资金项目评审专家和广州市重大事项社会稳定风险评估专家等资格。共发表SCI论文10余篇，授权受理专利10余项。

王创新，男，1987年2月出生于广东揭阳，2010年本科毕业于广东工业大学环境科学与工程学院，2010年进入东莞市恒春环保服务有限公司从事环保工程师工作，2017年8月创立揭阳市诚浩环境工程有限公司并担任总经理。

前　言

在全球气候变化和环境保护意识的推动下，低碳经济模式逐渐成为各国发展的主流趋势。为了减少温室气体排放和降低对环境的破坏，各行各业都在积极转型，尤其是工业领域。然而，工业发展不可避免地伴随着废水排放问题，由此产生的环境污染也成为人们关注的焦点。工业废水处理是一个复杂而关键的环节，它涉及废水的收集、处理和处置。过去，很多工业企业在废水处理问题上存在着诸多挑战，如技术手段不够先进、处理效果不理想等。在双碳背景下，我们迫切需要研究和探索更先进、更可持续的工业废水处理技术，以应对环境保护和碳减排的需求。

基于此，笔者以"双碳背景下工业废水处理技术研究"为题，具体探讨双碳的提出与路径实现、工业废水产生及其处理方案、双碳背景下工业废水中的污染物及其处理技术、双碳背景下工业废水的物理处理技术、双碳背景下工业废水的化学处理技术、双碳背景下工业废水的物理化学处理技术、双碳背景下工业废水的生物处理技术、双碳背景下典型行业的工业废水处理实践。

本书具有以下特点，以展示双碳背景下工业废水处理技术研究工作的独特价值：

第一，全面性：本书全面系统地介绍了双碳背景下工业废水处理技术的研究进展，涵盖了废水的收集、处理和处置等环节。无论是针对不同行业的废水特性，还是各种废水处理技术的原理与方法，本书都进行了详尽而全面的讨论。

第二，前沿性：本书聚焦于双碳背景下的工业废水处理技术研究，旨在介绍最新的科研成果和应用案例。通过介绍前沿的技术理论和实践经验，读者可以了解到最新的发展动态和趋势，从而为自身的研究和实践提供借鉴与启示。

第三，可持续性：本书强调工业废水处理技术在双碳背景下的可持续性发展。除了关注技术的高效处理效果，还着重分析废水资源化利用和循环经济的相关内容，以减少对环境的负面影响，并促进废水资源的回收与再利用。

在书写本书的过程中，我们衷心感谢所有为本书提供支持、建议和帮助的人员，他们的付出和贡献让本书得以顺利完成。并对于本书的局限性和不足之处表示诚挚的歉意，希望读者能够提供宝贵的意见和建议，以帮助我们改进和完善。

目 录

第一章　双碳的提出与路径实现

第一节　双碳的提出背景与理论基础

一、双碳战略的提出背景

双碳，即碳达峰与碳中和是当前全球关注的重要议题，这些目标旨在应对日益严重的气候变化和全球变暖问题。碳达峰是指将二氧化碳（CO_2）排放量达到峰值，然后开始逐步减少，以控制温室气体的累积浓度。而碳中和则是指将净排放的二氧化碳量减少到接近零，或者将其与其他方式吸收和储存起来，以实现碳排放的净零。碳达峰与碳中和概念的提出背景是人类活动引发的气候变化问题。随着工业化和经济发展的快速推进，大量的化石燃料燃烧释放出大量的二氧化碳等温室气体，导致地球气候系统遭受严重的扰动。科学家们通过观测和研究确认，全球变暖正在导致海平面上升、极端天气事件增加、生态系统断裂等一系列问题，对人类社会、经济和生态环境造成了一定的影响。

在全球气候变化的背景下，碳达峰与碳中和成为应对这一挑战的关键战略。作为一个全球性的目标，碳达峰旨在限制二氧化碳等温室气体的排放量，这一目标受到了越来越多国家和国际组织的广泛认可和支持，并成为国际气候谈判的重要议题。"实现碳达峰意味着要努力减缓二氧化碳排放速度，有效控制二氧化碳排放规模，尽快实现二氧化碳排放峰值的到来"[1]。碳中和的概念在碳达峰的基础上提出了更加明确的目标。碳中和的理念是通过减少温

---

① 曹立．数字时代的碳达峰与碳中和［M］．北京：新华出版社，2022：19．

室气体排放并采取其他措施，使净排放量降为零甚至负值。负排放意味着通过各种技术手段将二氧化碳从大气中移除并储存起来，如林业碳汇、地下储存、碳捕捉与封存，以及利用可再生能源等。

碳达峰与碳中和目标的提出得到了众多科研机构和国际组织的支持和关注。碳达峰与碳中和背景的关键是气候变化所带来的风险和挑战，如果不采取紧急行动来减少温室气体排放，并限制全球变暖在可控范围内，将会导致灾难性后果，包括海平面上升、物种灭绝、农作物减产、水资源短缺等。因此，碳达峰与碳中和的提出背景与应对这些风险和挑战密切相关。

第一，碳达峰与碳中和的提出背景之一是对可持续发展的需求。传统的经济模式依赖于大量的化石燃料燃烧，这导致资源的过度消耗和环境的破坏。随着全球人口和经济的增长，对能源和资源的需求不断上升，使得可持续发展问题日益突出。碳达峰与碳中和的目标是引领经济向更加环保和低碳的方向发展，通过改变能源结构、提高能源利用效率、推进清洁技术创新等，实现可持续发展的目标。

第二，碳达峰与碳中和的提出背景还与国际社会对可持续能源和环境友好技术的需求有关。全球范围内，对清洁能源的需求越来越迫切，推动了可再生能源的发展和应用。太阳能、风能、水能等可再生能源被广泛利用，为碳达峰与碳中和提供了技术支持和条件。与此同时，碳捕捉与封存技术、生物质能源、电动汽车等也成为降低碳排放的重要手段。碳达峰与碳中和的提出背景与推动这些技术的研发和应用密切相关。

第三，碳达峰与碳中和的提出背景与全球气候变化谈判的进展密切相关。一直以来，全球各国通过国际谈判努力寻求应对气候变化的共同方案，碳达峰与碳中和成为国际社会广泛关注和共同努力的方向。

第四，碳达峰与碳中和的提出背景还与全球社会和公众的意识和参与有关。气候变化的影响逐渐被人们所认知，社会对环境保护和可持续发展的意识不断提高。越来越多的个人、企业和组织开始采取行动，减少碳排放，推动碳中和实践。全球范围内的绿色投资和可持续发展倡议等，都推动了碳达峰与碳中和的提出与实施。

总而言之，碳达峰与碳中和的提出背景与全球气候变化问题以及对可持续发展、国际谈判、可持续能源和环境友好技术的需求密切相关，这些目标的实现对于控制气候变化、保护生态环境、实现可持续发展具有重要意义，需要全球各国的共同努力和合作。

二、双碳战略的理论基础

双碳作为全球应对气候变化的重要目标，其背后有着坚实的理论基础，在探究碳达峰与碳中和的理论基础时，需要综合考虑自然科学、社会科学和技术创新等多个领域的知识。

第一，温室效应理论是碳达峰与碳中和的核心基础之一。温室效应是指地球大气中的温室气体（如二氧化碳、甲烷、氟化物等）能够吸收地球表面发出的长波辐射，阻止其完全逃逸到外层空间，从而导致地球温度升高。

第二，碳达峰与碳中和的理论基础还涉及碳循环过程。地球上的碳通过不同的媒介（大气、海洋、陆地）进行循环。其中，大气中的二氧化碳是碳循环的关键组成部分。自然界中，植物通过光合作用将二氧化碳转化为有机物，并释放氧气，而动物呼吸和植物呼吸作用的过程中又释放出二氧化碳。此外，燃烧化石燃料也会产生大量的二氧化碳。碳循环的研究有助于理解碳排放和吸收的过程，为制定碳达峰与碳中和的策略提供依据。

第三，技术创新是支持碳达峰与碳中和目标实现的关键要素之一。由于气候变化的严重性和复杂性，需要不断推进技术创新来寻求解决方案。清洁能源技术（如太阳能、风能、水能等）、碳捕捉与封存技术、生物质能源、能源储存等为实现碳中和提供了重要的支持。与此同时，通过技术创新还可以提高能源利用效率，减少能源消耗和碳排放。

第四，可持续发展理论也是碳达峰与碳中和的重要理论基础之一。在碳达峰与碳中和的背景下，可持续发展理论强调经济、社会和环境的协调发展。通过寻找经济发展与低碳、环境友好之间的平衡，可促进碳排放的减少并实现碳中和的目标。此外，可持续发展也强调公平、包容和参与，鼓励各国和各利益相关方合作，共同应对气候变化挑战。

第五，碳达峰与碳中和的理论基础还涉及能源转型和能源政策的研究。能源转型是指从传统的能源体系向低碳、可再生能源为主的能源体系的转变过程。在能源转型的背景下，碳达峰与碳中和的目标成为推动能源发展的重要指引。研究能源转型的理论基础包括能源需求与供应的匹配、能源系统的优化、能源可持续性评估等方面，这些研究为制定碳达峰与碳中和的政策提供了理论基础，并为实现能源转型的目标提供了方法和路径。

第六，社会科学领域的研究也对碳达峰与碳中和的理论基础产生了一定影响。社会科学研究关注人类行为、社会组织以及政策与治理等方面的问题，这些因素在碳达峰与碳中和的实施中起着重要作用。社会科学提供了理解和分析人类行为、政策制定、协同合作和社会变革等方面的理论基础，为推动碳达峰与碳中和提供了重要支持。

第七，一些辅助理论也对碳达峰与碳中和的理论基础产生了重要影响。例如，系统科学和复杂性理论研究提供了理解和解决气候变化等复杂问题的方法和思路；经济学研究则探讨碳达峰与碳中和目标的经济效益、成本效益等方面的问题；地球科学的研究则为监测和评估碳排放、气候变化等提供了重要数据和科学依据。

总而言之，碳达峰与碳中和的理论基础是多个学科交叉融合的结果。自然科学、社会科学和技术创新等领域的知识相互渗透，形成对碳排放和气候变化问题的全面认知和理论支持，这些理论基础为制定碳达峰与碳中和的策略和行动提供了指导，同时也为推动相关领域的研究和实践提供了理论依据和方向。然而，碳达峰与碳中和作为复杂的全球挑战，仍然需要不断深入研究和实践，以推动全球社会向低碳、可持续发展的未来迈进。

第二节　双碳战略的影响与意义

一、双碳战略的影响作用

实现双碳战略是一场广泛而深刻的经济社会系统性变革，意义重大、影响深远，主要影响作用包含以下方面：

第一，实现生态文明建设的历史任务。对于整个经济社会而言，碳达峰与碳中和的实现是一场深刻而广泛的全局性、系统性变革，已被纳入生态文明建设总体布局。中国勇于承担时代赋予的责任和使命，积极应对气候变化，以顶层设计推动碳达峰与碳中和的政策和行动。一方面，通过"降耗减排"的方式积极推动供给侧结构性改革，让传统产业积极调整旧的结构和方式，实现旧动能向新动能的转换；另一方面，面向未来，通过新发展理念的引领，努力构建生态、低碳、绿色的现代化产业体系。中国站在国际视角，承诺实现碳达峰与碳中和目标，在建设清洁美丽世界和宜居国家的同时，推动应对全球气候变化行动，为构建人与自然和谐共生展现大国的责任担当，这充分证明中国高质量绿色发展的目标和执行力，增强了中国在全球气候治理方面的主动性和号召力，有助于推动和引领国际社会加快应对气候变化，在整体上推动和促进全球生态文明建设。

第二，助推中国绿色低碳循环发展。在实现社会主义现代化强国建设的新征程中，需要总结众多发达国家先高碳后低碳、先发展后减碳的经验，走出一条以低碳建设为重点的发展道路。从本质而言，推动经济社会发展与碳排放逐步"分离"，就可以实现碳达峰与碳中和这两大战略目标。要实现"无缝"分离，就必须将高质量发展作为主题，深化供给侧结构性改革，以此实现经济体系的全面绿色升级。只有这些目标得以实现，才能真正实现碳达峰与碳中和战略目标，保证我国的生态文明建设。换言之，只有实现经济社会的全面绿色升级，在可持续发展的道路上持续迈进，才能真正推进碳达峰与碳中和战略目标的实现。

第三，消费体系和能源生产的绿色转型升级对碳达峰与碳中和战略目标的实现有着决定性作用。"构建安全高效、清洁低碳的能源系统是实现碳达峰碳中和战略目标的必由之路，也是构建绿色低碳循环发展体系的重要组成部分"[①]。因此，我国要支持节能优先，降低整体能耗，提高能耗强度，实现"双控"系统。与此同时，要积极并全力发展可再生能源，提高其利用比例，加大可再生资源的利用效率，建立健全清洁能源消纳长效机制，推动能源系统全产业链向低碳方向转型升级。

第四，我国在政策创新与科技创新方面给予的重视和大力扶持，对于实现碳达峰与碳中和战略也是极其重要的。一方面，要以市场为导向，扶持绿色低碳技术研发，对绿色技术创新体系进行战略性部署，进一步改进有关法律法规政策体系，促进科技成果的快速转化和投放应用。因此，需要深度完善减碳基础理论和关键技术，进一步推动节能减碳，如应对规模化储能、二氧化碳捕集与封存等，实现用好新技术、新业态、新模式的"三新"体系。另一方面，要坚定维护绿色保险、绿色信贷、绿色债券的主体地位，推动绿色产业和绿色金融之间的深度融合、互助互赢。寻求在区块链、云计算、数字共生体等信息技术领域的突破，提高其在碳排放监管碳排放预测、碳排放

---

① 徐锭明，李金良，盛春光．碳达峰碳中和理论与实践 [M]. 北京：中国环境出版集团，2022：11.

源锁定、碳排放预警及碳排放数据分析等场景应用中的利用率，提升数字化减碳能力。同时，还要推动合同能源管理、环境托管、环境污染第三方治理等服务模式的创新发展，进一步完善有利于绿色低碳发展的价格、金融、财税等经济政策。加快全国用能权、碳排放权交易市场的建设，进一步推动形成更精准、更有效的有利于碳达峰与碳中和的市场预期。

二、双碳战略的实践意义

第一，实现碳达峰与碳中和战略目标可以引领我国及时实施低碳转型，以低碳创新推动可持续发展，社会文明形态将逐步由工业文明进入生态文明。碳达峰与碳中和战略目标也将倒逼产业结构调整，及时抑制发展高耗能产业的冲动，推动战略性新兴产业、高技术产业、现代服务业进步，拉动巨量的绿色金融投资，带来新经济增长点和新就业机会，支撑高质量发展。

第二，碳达峰与碳中和战略的实施对于控制全球气温上升至关重要。气候变化是人类面临的严峻挑战之一，全球气温升高将导致极端天气事件的增加、海平面上升、生物多样性减少等一系列的问题。通过设定碳达峰目标，即尽快将全球温室气体的排放量达到最高峰值，可以遏制气候变化加剧的趋势。而碳中和的实施则能够进一步降低大气中的温室气体含量，有助于控制全球气温上升幅度，减轻其对人类社会和自然环境的不可逆转的影响。

第三，实施碳达峰与碳中和战略是我国生态文明建设的战略举措，这一战略目标是硬性指标，是国家开展能源革命、治理环境污染、减少温室气体排放建设生态文明和美丽中国、推动我国经济持续高质量发展、实现中华民族永续发展的内在要求。特别是，实施碳达峰与碳中和战略，实施能源革命，不仅有利于国家加快构建清洁低碳、安全高效的能源体系，维护国家能源安全，还有利于国家低碳技术与新能源技术的升级换代和新能源产业潜力优势的充分发挥，从而促进国际能源新标准和能源产业链条的建设完善。我国积极推进碳达峰与碳中和战略将给全球带来重要的绿色低碳经济发展机会。碳达峰与碳中和战略决策，既体现了国际应对气候变化的"共同但有区别的责任原则"和基于发展阶段的原则，又体现了发展中大国的责任和担当。

第四，碳达峰与碳中和对于促进可持续发展具有重要意义。传统的经济增长模式依赖于高碳能源的使用，但这种模式无法长期持续。碳达峰与碳中和的实施将推动经济结构的转型，加快清洁能源和可再生能源的发展和应用，促进能源产业的升级和创新，推动绿色技术的研发和推广，从而实现经济发展与环境保护的良性循环。与此同时，碳达峰与碳中和的目标也为各国提供了机会，通过调整经济结构、加强环境监管、推动绿色投资等，实现经济的高质量发展。

第五，碳达峰与碳中和对于全球资源的可持续利用和生态环境的保护至关重要。传统的经济发展模式通常以资源的过度消耗和环境的破坏为代价。碳达峰与碳中和的实施将加强能源和资源的合理利用，减少对非可再生资源的依赖，推动循环经济和资源回收利用。此外，通过减少碳排放和提高能源利用效率，碳达峰与碳中和还有助于减轻能源供应压力，保护生态系统的完整性，维护生物多样性和生态平衡，为子孙后代留下更加美好的地球。

第六，碳达峰与碳中和的实施将促进全球合作与发展。气候变化是全球性的挑战，需要各国共同应对。通过确立碳达峰与碳中和目标，各国将更加密切地合作，共享经验和知识，加大对气候变化问题的科研投入，推动技术创新和转移，共同寻求解决方案。此外，碳达峰与碳中和的实施还将推动全球经济的绿色转型，促进全球能源和环境治理的协调和合作，为构建人类命运共同体提供借鉴与帮助。

第三节 双碳目标实现的路径

在实现"碳达峰、碳中和"目标的过程中，"排放路径的科学预测是决策者正确进行顶层设计的前提和基础，行动路径的系统梳理为决策者碳达峰与碳中和行动方案的制定提供了底层逻辑，技术路径的比较和恰当选择则是目标得以实现的关键所在"[①]。实现碳达峰和碳中和目标是一个复杂而又艰巨的任务，需要政府、企业和社会各界共同努力，采取一系列有力的政策和措施。碳达峰和碳中和目标实现的路径主要包含以下方面：

第一，能源结构调整是实现碳达峰和碳中和目标的重要方向之一。由于能源消耗是导致二氧化碳排放的主要原因之一，改变传统的高碳能源结构至关重要。切实推进可再生能源的发展和利用，如太阳能、风能和水能等，可

---

① 杨越，陈玲，薛澜. 迈向碳达峰碳中和 目标路径与行动 [M]. 上海：上海人民出版社，2021：45.

以减少对传统能源的依赖，降低温室气体的排放。与此同时，应大力推进清洁能源技术的研发和应用，如核能、地热能和生物质能等，以提高能源利用效率，减少能源消耗和碳排放。

第二，政策支持是实现碳达峰和碳中和目标不可或缺的重要手段。政府应该出台有力的政策措施来引导和推动绿色低碳发展。首先，建立健全的法律法规体系，明确碳达峰和碳中和的时间表和路线图，为企业和社会各界提供明确的方向和目标；其次，加大对清洁能源行业的政策支持，包括减税、补贴和贷款等方面的优惠政策，鼓励企业增加投资，加快技术创新和产业升级；再次，加强对高碳行业的环境监管和约束，推动其向低碳方向转型；最后，加强对碳市场和碳交易的监管，建立市场机制，激励企业减排和碳汇交易，推动激励机制的建立和完善。

第三，技术创新对于实现碳达峰和碳中和目标也起着关键作用。通过加大对低碳技术研究和创新的投入，可以推动能源生产和利用方式的转变。例如，发展新能源汽车和智能交通系统，减少燃油车辆的使用，提高交通运输效率，降低碳排放。此外，应该加大对清洁能源生产技术的研发力度，提高可再生能源的利用效率和经济性。同时，还应在能源储存、碳捕集和利用等方面进行技术创新，以解决清洁能源的不稳定性和间歇性等问题。

第四，国际合作是实现碳达峰和碳中和目标不可或缺的重要手段。全球气候问题是世界各国共同面临的挑战，需要各国共同努力合作。国际合作可以在技术交流、政策协调和资源共享等方面发挥作用。首先，在技术交流方面，各国可以加强合作，共同推动低碳技术的研发和应用。国际合作可以促进技术创新的跨国合作和共享，加快低碳技术的发展和推广。通过建立技术研究机构、科研项目合作和人员交流等方式，可以促进知识共享和经验交流，加快技术的转化和应用。其次，在政策协调方面，各国可以加强沟通和协商，形成共同的政策框架和行动计划。国际合作可以促进各国之间的政策衔接和协调，避免碳排放的转移和避税行为。通过建立国际环境组织、制定国际合作协议和共享碳配额等方式，可以推动各国共同努力，实现碳达峰和碳中和目标。最后，在资源共享方面，各国可以共享可再生能源和碳汇资源，实现资源的优势互补和共同开发。通过建立能源合作机制、共同投资和开展跨国能源交易等方式，可以实现能源安全和碳减排的共同发展。

总而言之，实现碳达峰和碳中和目标是当前全球共同面临的重要挑战。

通过多方面的努力，可以为实现碳达峰和碳中和目标搭建坚实的路径和框架。政府、企业和社会各界应加强合作，形成共识，携手共建绿色低碳的未来。只有通过全球各方的共同努力和合作，才能实现全球气候治理的长期可持续发展。

第二章 工业废水产生及其处理方案

第一节 工业用水与工业废水的认知

一、工业用水的认知

社会总用水量可以分为工业用水、农业用水和城镇生活用水三部分。工业用水"是指工矿企业的各部门在工业生产过程（或期间）中，制造、加工、冷却、空调、洗涤、锅炉等处使用的水及厂内职工生活用水的总称"[①]。工业用水的水量、水质、水压和水温要符合工矿企业各自的要求。

（一）工业用水的分类

在工业企业内部，不同工厂、不同设备需要的水量、水质是不同的，工业用水的种类繁多。关于工业用水的分类，由于涉及的企业、工艺面广，涉及的问题复杂，至今尚没有统一的看法，从不同需要、不同角度可以提出不同的分类方法，下面对目前常用的（或习惯使用的）分类方法加以分析。

第一，城市工业用水依据行业分类。对城市工业用水进行分类时，按不同工业部门即行业进行分类，行业分类可以按照相关规定并结合工业行业实际情况进行分类，可分为钢铁行业、医药行业、造纸行业、火力发电行业等。

第二，按生产过程主次分类。按生产过程主次分类，可以将工业用水分为主要生产用水、辅助生产用水（包括机修、锅炉、运输、空压站、厂内基建等）、附属生产用水（包括厂部、科室、绿化、厂内和车间浴室、保健站、厕所等生活用水）三类。

---

① 赵文玉，林华，许立巍. 工业水处理技术 [M]. 成都：电子科技大学出版社，2019：1.

第三，按水的用途分类。按水的用途分类可以分为生产用水和生活用水，具体见表2-1。

表2-1　按水用途分类的工业用水

生产用水	间接冷却水		在工业生产过程中，为保证生产设备能在正常温度下工作，吸收或转移生产设备的多余热量需使用冷却水，当冷却水与被冷却介质之间由热交换器壁或设备隔开时，称为间接冷却水
	工艺用水	产品用水	产品用水是指在生产过程中，作为产品原料的那部分水（此部分水或为产品的组成部分，或参加化学反应）
		其他工艺用水	其他工艺用水指产品用水、洗涤用水，以及直接冷却水之外的工艺用水
		洗涤用水	洗涤用水指在生产过程中对原材料、物料、半成品进行洗涤处理的水
		直接冷却水	直接冷却水是指在生产过程中，为满足工艺过程需要，使产品或半成品冷却所用到的与之直接接触的冷却水（包括调温、调湿使用的直流喷雾水）
	锅炉用水	锅炉给水	锅炉给水是指为直接产生工业蒸汽而进入锅炉的水，它由两部分组成：一部分是回收由蒸汽冷却得到的冷凝水；另一部分是经化学水处理处理好的补给水（软化水或除盐水）
		锅炉水处理用水	锅炉水处理用水指处理锅炉补给水的化学水处理工艺所用的再生、冲洗等自用水
生活用水			

第四，在企业内部往往按水的具体用途及水质分类。例如，在啤酒行业分为糖化用水（投料水）、洗涤用水（洗槽用水、刷洗用水、洗涤用水等）、洗瓶装瓶用水、锅炉用水、冷却用水、生活用水等。在味精行业分为淀粉调浆用水、酸解制糖用水、糖液连消用水、谷氨酸冷却用水、交换柱清洗用水、中和脱色用水、结晶离心烘干用水、成品包装用水、锅炉用水等。在火力发电行业分为锅炉给水、锅炉补给水、冷却水、冲灰水、消防水、生活用水等。再如，按水质来分，可分为纯水（除盐水、蒸馏水等）、软化水（去除硬度的水）、清水（天然水经混凝、澄清、过滤处理后的水）、原水（天然水）、冷却水、生活用水等。

（二）工业用水的水源

一般而言，工业用水的水源具体如下：

1. 海水

沿海地区的工业企业，经常取用海水作为冷却水。在某些淡水资源紧缺的地区，也可以取用海水，进行淡化处理后，作为工业的其他用途，但其费用昂贵。

海水水质差，含可溶盐多，但水质稳定。海水的盐度可达 3.3% ~ 3.7%，海水总含盐量中氯化物可达 88.7%，硫酸盐为 10.8%，碳酸盐仅为 0.3%（碳酸盐波动较大），海水表层 pH 为 8.1 ~ 8.3，深层 pH 约为 7.8。

由于海水水质差，作为冷却水使用时，对设备与管道的腐蚀严重，因此防腐工作很重要。另外，海生生物在冷却水系统的繁殖和黏附会堵塞管道，影响冷却效果，必须采用有效的措施。近年来，近海地区的海水也常常受到工业和生活排放的污染，水质中有机物质，特别是 N、P 含量上升，海水富营养化，海生生物繁殖严重。由于工业企业多使用近海海水，所以这些工业企业应注意近海海水水质的变化。

2. 中水

一些严重缺水的城市和地区，工业已广泛使用中水作为水源。所谓中水是指城市污水或生活污水经二级处理（生化处理及过滤消毒处理）达到一定的水质标准要求后，在非饮用范围内被重复使用的水，其应用范围包括厕所冲洗、绿地浇灌、道路清洁、建筑施工、工业冷却水、非食品饮料的工业产品用水等，工业上还可直接将中水作为水源水再经过一系列净化处理后作为工艺用水，如锅炉用水、洗涤用水等。

由于城市生活污水水质差异较小，处理技术也比较成熟，所以中水水质也相对比较稳定。中水水质的特点是：悬浮物含量不高（< 30mg/L），pH变化较小，碱度、硬度、总溶解固体均在可接受的范围内，但氯离子有时变化较大，有机物含量高（COD_{Cr} < 120mg/L），有腐蚀、结垢、生物繁殖和起泡沫倾向。

另外，中水可以直接（或稍经处理）作为工业冷却水使用。如果要将中水用作为工厂企业工艺用水水源，则必须对中水进行深度处理，以达到相应工艺用水的水质要求，这在技术上有较高要求，在经济上，处理费用也较高。当然，有的时候还要考虑人们的心理承受能力，特别是与食品、饮料、医药等有关的工业企业，应尽量避免使用中水水源。

3. 地表水

地表水通常包括河水、湖水、水库水，这些水主要由雨水、冰川融水和泉水等地面径流汇合而成，所以一般水质较好，含盐量较低，含氧充足，CO_2含量少；但水质受气候、季节影响大，水质波动大，水中悬浮物多，水中生物及微生物多。在沿海地区，地表水还易受海水倒灌的影响，含盐量大幅升高。相对于河水而言，湖水、水库水受气候、季节影响小，水质波动小，但由于水体流动性差，水中生物活动频繁，水中腐殖质类有机物含量偏高，有时还会出现一些复杂的有机胶体，给某些对水质要求高的水处理工艺带来困难。

地表水易受工业废水和生活污水排放的污染物影响，各种污染物排向地表水时，地表水的水质会急剧恶化。当排向水体的污染物量在水体自身可以承受的范围内时，水体自身会通过一系列物理、化学、生物作用（如稀释、沉淀、生物氧化、细菌分解等）恢复水体的本来面貌，将被污染的不洁水体变为清洁水体，这称为水体自净。当排向水体的污染物量多，超过水体自净能力时，水质就会急剧恶化，发黑、发臭。因此，对以地表水为水源的工业企业，应定期地对水源水质进行分析，通常每月一次，并建立水源水质资料档案，特别要注意洪水期及枯水期的水质资料采集。还要了解本企业取水点附近及上游的工业废水和生活污水排放情况及变化趋势，掌握它们对本企业取水水质的影响，必要时要采取相应措施。

4. 地下水

地下水即通常所言的井水或泉水，它是雨水或地表水经过地层的渗流而形成的。地下水按深度可以分为表层水、层间水和深层水。表层地下水包括土壤水和潜水，它是地壳不透水层以上的水；层间水是指不透水层以下的中层地下水，这是工业使用较多的地下水源；深层水为几乎与外界隔绝的地下水层。由于地壳构造的复杂性，不同地区（甚至是相邻地区）同一深度的井，水质会有很大不同，有的可能引出的是表层地下水，有的可能引出的是中层地下水。

由于地下水长期与土壤、岩石接触，土壤和岩石中的矿物质会逐渐溶解于水中。一般而言，水层越深，含盐量越高，有的甚至可以达到苦咸水水质。地下水水质还与地下水流经的岩石矿区有关，如流经铁矿区，水中铁、锰含量较高；流经石灰岩地区，水的硬度较高等。

地下水由于与外界隔绝，水质受气候、季节影响小，水质稳定、浊度低、溶氧少、有机物少、微生物少，但由于地壳活动的原因，地下水含 CO_2 较多。某些地表的工业废水和生活污水污染源，会通过土壤渗流，对附近的浅井地下水水质产生影响，使水中污染物增多。近海地区的某些井水也可能会渗入海水，使井水含盐量急剧升高。

例如，以井水为水源的企业也应建立水质档案，由于井水水质较稳定，水质分析次数可适当减少（如每季一次），但是应建立取水用井的详细档案资料，包括本地区的水文地质资料、凿井的地层标本和地质柱状图，以及井位、井深、井管结构、动水位、静水位、泵、流量、水温等有关资料。需要注意的是，浅井附近应禁止污水的排放和污物的堆放。

5. 城市自来水

由于经济成本问题，使用城市自来水作为水源的都是用水量较少的中小型企业，有时仅是企业的某个车间或工段。城市自来水有的取自地表水，经混凝、澄清、过滤、消毒处理后供出，有的取自地下水（井水、泉水），仅经过滤、消毒后供出。城市自来水的水质应符合生活饮用水卫生的相关标准。城市自来水水质稳定，受气候影响小，特别是水的浊度，可以很好地稳定在很小的范围内。但是，由于工业企业使用的自来水都是从管网上引出的，有的甚至在管网末端，企业引入的水质还会受管道影响，流经某些使用年代很久的管道，尤其是在长期停运后刚投运时，水质很差，有色，浊度高，有时甚至发黑、发臭，这时应加强管道冲洗、排放。另外，使用城市自来水作为水源的企业，也应对水源水质进行定期分析，建立档案。

（三）工业用水的水质

1. 工业用水的水质标准

工业用水通常包括工艺用水、锅炉用水、洗漆用水以及冷却用水等。不同用途的水，其标准也不相同，下面着重对锅炉用水和冷却用水的水质要求进行阐述。

（1）锅炉用水的水质标准。锅炉用水是将水在一定的温度和压力下加热产生蒸汽，用蒸汽作为传热和动力的介质。一般工矿企业常采用低压或中压锅炉产生的蒸汽作为热源或动力，这种锅炉对水质要求稍低；而发电厂或热电站常采用高压锅炉产生蒸汽以推动汽轮机来发电，为保证蒸汽对汽轮机无腐蚀和结垢沉积，这种锅炉对水质要求非常高。因此，锅炉用水的水质要求根据锅炉的工作压力和温度的不同而不同，不论何种锅炉用水，对水的硬度都有较严格的限制。凡是能导致锅炉、给水系统及其他热力设备腐蚀、结垢及引起汽水共腾现象，使离子交换树脂中毒的杂质如溶解氧、可溶性二氧化硅、铁以及余氯等都应大部分或全部除去。

（2）冷却用水的水质标准。工业生产中，冷却的方式很多。有用空气来冷却的，叫空冷；有用水来冷却的，叫水冷。在大多数工业生产中，都是用水作为传热冷却介质的，这是因为：水的化学稳定性好，不易分解；水的热容量大，在常用温度范围内，不会产生明显的膨胀或压缩；水的沸点较高，在通常使用条件下，在换热器中不致汽化；同时，水的来源较广泛，流动性好，易于输送和分配，相对而言价格也较低。目前，在钢铁、冶金工业中，用大量的水来冷却高炉、平炉、转炉、电炉等各种加热炉的炉体；在炼油、化肥、化工等生产中，用大量的水来冷却半成品和产品；在发电厂、热电站，则用大量的水来冷凝汽轮机回流水；在纺织厂、化纤厂，则用大量水来冷却空调系统及冷冻系统，这些工业的冷却水用量平均约占工业用水总量的 67%，其中又以石油、化工和钢铁工业为最高。

对冷却用水，虽然没有像工艺用水、锅炉用水那样对水质的各种指标有严格的限制，但为了保证生产稳定，不损坏设备，能长周期运转，对冷却用水水质的要求还是相当高的，下面分别进行叙述。

第一，水温要尽可能低一些。在同样的设备条件下，水温越低，日产量越高。例如，化肥厂生产合成氨时，需要将压缩机和合成塔中出来的气体进行冷却，冷却水的温度越低，则合成塔的氨产量越高。冷却水温度越低，用水量也相应减少。例如，制药厂在生产链霉素时，需要用水去冷却链霉素的浓缩设备和溶剂回收设备。如果水的温度越低，那么用水量也就越少。

第二，水的浑浊度要低。水中悬浮物带入冷却水系统，会因流速降低而沉积在换热设备和管道中，影响热交换，严重时会使管道堵塞。此外，浑浊度过高还会加速金属设备的腐蚀。为此，在一些大型化肥、化纤、化工等生产系统中，要求冷却水的浊度不得大于 2mg/L。

第三，水质不易结垢。冷却水在使用过程中，要求在换热设备的传热表面上不易结成水垢，以免影响换热效果，这对工厂安全生产是一个关键。在生产实践中，由于水质不好、易结水垢而影响工厂生产的例子是屡见不鲜的。

第四，水质对金属设备不易产生腐蚀。冷却水在使用中，要求对金属设备最好不产生腐蚀，如果腐蚀不可避免，则要求腐蚀性越小越好，以免传热设备因腐蚀太快而迅速减少有效传热面积或过早报废。

第五，水质不易滋生菌藻。冷却水在使用过程中，要求菌藻等微生物在水中不易滋生繁殖，这样可避免或减少因菌藻繁殖而形成大量的黏泥污垢，过多的黏泥污垢会导致管道堵塞和腐蚀。

2. 工业用水的水质指标

评价和了解水质的好坏，可采用一系列的水质指标，具体如下：

（1）悬浮物和含盐量。

第一，悬浮物。用每升水中所含固形物的质量（mg/L）来表示。可用称量分析法测定，目前常用比浊法进行测定。

第二，含盐量。表示水中各种盐含量的总和。可由全分析所测得的全部阳离子和全部阴离子的质量相加得出，单位为 mg/L。也可用蒸干称重法求得，但其结果误差较大，还可应用电导率法测出。

（2）硬度和碱度。

第一，硬度（H）。硬度（H）表示水中高价金属离子的总浓度。在一般天然水中，主要是 Ca^{2+} 和 Mg^{2+}，其他金属离子很少。通常将 Ca^{2+} 和 Mg^{2+} 的浓度之和称为硬度。硬度是衡量水质的一项重要指标，它表示水中结垢物质的多少，这些结垢物质包括钙盐和镁盐两大类：钙盐包括 $Ca(HCO_3)_2$、$CaCO_3$、$CaSO_4$、$CaCl_2$，称为钙硬度；镁盐包括 $Mg(HCO_3)_2$、$MgCO_3$、$MgSO_4$、$MgCl_2$，称为镁硬度。总硬度为二者之和。按阴离子的情况分为碳酸盐硬度和非碳酸盐硬度。①碳酸盐硬度，指水中钙、镁碳酸盐和重碳酸盐之和。在天然水体中 CO_3^{2-} 含量很少，故一般将碳酸盐硬度看作是钙、镁的重碳酸盐。含钙、镁的重碳酸盐长期煮沸后分解放出 CO_2，并使碳酸盐沉淀析出，这种能用煮沸方法消除的硬度称为暂时硬度。②非碳酸盐硬度。水的总硬度和碳酸盐硬度之差是非碳酸盐硬度，如钙、镁的氯化物和硫酸盐等，它是在水沸腾时不能除去的硬度，称为永久硬度，硬度单位为 mmol/L。

第二，碱度。表示水中 OH^-、CO_3^{2-}、HCO_3^- 及其他弱酸强碱盐类的总和。因为这些盐类的水溶液呈碱性，可以用酸中和，所以归纳为碱度。在天然水中，碱主要由 HCO_3^- 盐类组成；在低压锅炉炉水中，主要由 OH^- 和 CO_3^{2-} 盐类组成，在锅炉内加磷酸处理时，还有 PO_4^{3-} 的盐类，碱度一般用含 0H 的 mmol/L 表示。

根据水中的阴离子是 CO_3^{2-}、HCO_3^- 还是 OH^-，碱度可分为重碳酸根碱度、碳酸根碱度和氢氧根碱度。由于 $HCO_3^-+OH^-=CO_3^{2-}+H_2O$，故 OH^- 和 HCO_3^- 不可能存在于同一水体中。测定时用酚酞作指示剂，滴定终点的 pH 为 8.3，此时 OH^- 反应生成 H_2O，CO_3^{2-} 生成 HCO_3^-，而 HCO_3^- 不再参加反应，测定的碱度称为酚酞碱度；若用甲基橙作指示剂，滴定终点的 pH 为 4.2，测出了水中弱酸强碱盐类，因而称为全碱度或者叫作甲基橙碱度。

碳酸盐硬度表示水中含 $Ca(HCO_3)_2$、$CaCO_3$、$Mg(HCO_3)_2$、$MgCO_3$ 的量，它的离子形式是 Ca^{2+}、Mg^{2+}、CO_3^{2-}、HCO_3^-，因此，水中的碳酸盐硬度同时也是碱度。在有的水中，含钠的碱性化合物，如 NaOH、$NaHCO_3$，和 Na_2CO_3 等，由于钠的碱性化合物存在时，水中永久硬度将因如下反应而消失。

$$CaSO_4 + Na_2CO_3 = CaCO_3 \downarrow +Na_2SO_4 \qquad (2-1)$$

故而把钠碱度称为负硬。

（3）酸度和水中有机物含量。

第一，酸度。酸度是指水中能与强碱起中和作用的物质的含量。这些物质包括：①能全部电离出 H^+ 的强酸类，如 HCl、H_2SO_4、HNO_3 等；②强酸弱碱盐类，如铁、铝等离子与强酸组成的盐；③弱酸类，如 H_2CO_3、H_2S、CH_3COOH 等。

第二，表示水中有机物含量的指标。水中有机物种类多，进行有机物单种析测极其困难，所以水中有机物的含量无法像无机离子那样逐个进行测定。目前常用的方法是利用有机物总体的某种性质（如可以被氧化、含有碳、吸收紫外光等）来进行测定，间接反映水中有机物含量的多少。目前常用的表示水中有机物含量的指标主要包括以下内容：

一是化学需氧量（COD_{Mn}，COD_{Cr}）。有机物是碳氢化合物及其衍生物，遇到氧化剂会被氧化，氧化产物可以是 CO_2 和 H_2O，但更多的是在氧化剂的作用下，有机物中链发生断裂，大分子有机物被氧化成小分子有机物。化学需氧量是指在一定条件下，水中有机物被氧化时消耗的氧化剂量（换算成氧量）。化学需氧量的单位为 mgO_2/L。

测定化学需氧量所用的氧化剂有两种，一种是高锰酸钾（$KMnO_4$），其测定结果标示为 COD_{Mn}；另一种是用重铬酸钾（KCr_2O_7），其测定结果标示

为 COD_{Cr}。重铬酸钾对水中有机物的氧化率比高锰酸钾高。对同一种水，测得的 COD_{Cr} 大约为 COD_{Mn} 的 2 ~ 3 倍，但 COD_{Cr} 与 COD_{Mn} 之间不存在明确的换算关系。

COD_{Cr} 多用于废水中有机物的测定，COD_{Mn} 多用于给水等较清洁水中有机物的测定。化学需氧量只能用来对不同水中有机物含量进行相对比较，因为影响结果测定的因素除测定条件外，还与水中有机物种类、分子大小、分子结构等有关。利用化学需氧量定量水中有机物含量是困难的。

二是生化需氧量（BOD）。生化需氧量（BOD）是指在有氧存在的条件下，由于水中微生物的作用，使有机物完全氧化分解时所消耗氧的量。它是以水样在一定的温度（如 20℃）下，在密闭容器中保存一定时间后溶解氧减少的量来表示的。当温度为 20℃时，一般有机物需要 20 天左右就能基本完成氧化分解过程，而要全部氧化分解就需要 100 天。时间太长，对于实际生产控制的实用价值较小，故目前规定在 20℃下，培养 5 天的耗氧量作为生化需氧量的标准。此时，测得的生化需氧量称为 5 日生化需氧量，用 BOD_5 表示。生化需氧量间接地表示出水中有机物质的含量及其水体的污染程度。

BOD_5 的单位是 mgO_2/L，多用于废水中有机物的测定，BOD_5 和 COD 的比值反映水中有机物的可生化程度，比值大于 30% 的水才可能进行生物氧化处理。

三是总有机碳（TOC）。总有机碳（TOC）是水中所有有机物中的碳含量，单位是 mg/L。由于有机物都是含碳的，所以，与其他测定有机物含量的指标相比，它更能反映水中有机物含量的多少。总有机碳测定方法有燃烧氧化法和紫外 – 过硫酸盐氧化法两大类。燃烧氧化法是将样品放在 680℃ ~ 1000℃ 下，在氧气或空气中燃烧，用非色散红外线检测技术测定燃烧气中 CO_2 含量，扣除无机碳含量之后即为有机碳含量。另一种方法是用紫外线（185nm）或在二氧化钛催化下的紫外线，用过硫酸盐作氧化剂，将水中有机物氧化，用红外线或电导率进行测量。电导率测量是利用有机物氧化成有机酸而促使电导率上升的原理来测定有机物含碳量。

燃烧氧化法误差较大，只适用于对有机物含量大的水进行检测，而紫外 – 过硫酸盐法可用于纯水中低含量的总有机碳测量。

被测水中颗粒状物（如细菌等）影响总有机碳的测量精度和重现性，若对水样进行过滤，去除颗粒状物后再测量水的有机碳，此时称为总溶解有机碳（DOC）。

四是紫外吸收。天然水中有机物大多为含不饱和键（双键、三键）的化合物，如腐殖质为带有苯环的化合物，这些化合物不饱和键会吸收紫外光，可以用水对紫外光的吸收程度来判断水中有机物的多少。

用254nm紫外光来测定水中有机物，水对紫外光吸收程度与水中有机物量成正比，用254nm紫外光测定水中有机物，称为 UV_{254}，还可用260nm紫外光来测定水中有机物，就称为 E_{260}。

UV_{254} 或 E_{260} 的测定值是消光值，可以用消光值大小来比较水中有机物的多少。消光值与天然水中有机物含量之间无明确定量关系，但对某种单一化合物也可以通过试验求得相互间的定量关系。另外，浊度干扰紫外吸收的测定，应在被测水样消除浊度干扰后再进行测定。

二、工业废水的认知

所谓工业废水是指各行业生产过程中所产生和排出的废水，它可分为生产污水（包括生活污水）和生产废水两大类。

第一，生产污水是指在生产过程中所形成的，被有机或无机性生产废料所污染的废水（包括温度过高而能够造成热污染的工业废水）。

第二，生产废水是指在生产过程中形成的，但未直接参与生产工艺、只起辅助作用，未被污染物污染或污染很轻的水，有的只是温度稍有上升（诸如冷却水等）。

（一）工业废水的类型划分

第一，按行业的产品和加工对象分类：如冶金废水、造纸废水、纺织废水、制革废水等。

第二，按工业废水中所含的主要污染物性质分类：含无机污染物为主的称为无机废水，含有机污染物为主的称为有机废水。如电镀和矿物加工过程中所产生的废水是无机废水，食品或石油加工过程所产生的废水是有机废水。

第三，按废水中所含污染物的主要成分分类：如酸性废水、碱性废水、含氟废水、含酸废水、含铬废水、含有机磷废水等，这种分类方法突出了废水中主要污染成分，针对性强，有利于制定适宜的处理方法。

第三，根据工业废水处理的难易程度和废水的危害性，将废水中的主要污染物分为三类：①易处理、危害小的废水。如生产工艺过程中的热排水或冷却水，对其稍加处理后可以回用或排放；②含有常规污染物的废水。水中污染物无明显毒性，含有易于生物降解的物质，可作为生物营养物的化合物悬浮固体；③含有毒污染物的废水。水中污染物含有毒性且不易被生物降解的物质，包括重金属、有毒化合物和生物难以降解的有机化合物。

上述工业废水的分类方法只能作为了解污染源时的参考。实际上，一种工业可以排出多种不同性质的废水，而一种废水又可能含有多种不同的污染物。例如，染料废水既排出酸性废水，又排出碱性废水。纺织印染废水由于织物和染料的不同，其中污染物和浓度往往有很大的差别。

（二）工业废水的主要危害

水污染是我国面临的主要环境问题之一。随着我国工业的发展，工业废水的排放量日益增加，达不到排放标准的工业废水排入水体后，会污染地表水和地下水。几乎所有的物质，排入水体后都有产生污染的可能性，各种物质的污染程度虽有差别，但超过某一浓度后会产生危害。

第一，含无毒物质的有机废水和无机废水的污染。有些污染物质本身虽无毒，但由于量大或浓度高而对水体有害。例如，排入水体的有机物超过允许量时，水体会出现厌氧腐败现象；大量的无机物流入时，会使水体内盐类的浓度增高，造成渗透压改变，对生物（动植物和微生物）造成不良影响。

第二，含有毒物质的有机废水和无机废水的污染。例如，氰、酚等急性有毒物质，重金属等慢性有毒物质，以及致癌物质等造成的污染。

第三，含有大量不溶性悬浮物废水的污染。例如，纸浆、纤维工业等的纤维素，选煤、造矿等排放的微细粉尘，这些物质沉积水底有的形成"毒泥"，发生毒害事件的例子很多。如果是有机物，则会发生腐败，使水体呈厌氧状态。这些物质在水中还会阻塞鱼类的鳃，导致鱼类呼吸困难，并破坏其产卵场所。

第四，含油废水产生的污染。油漂浮在水面既有损美观，又会散发出令人厌恶的气味。燃点低的油类还有引起火灾的危险。动植物油脂具有腐败性，并消耗水体中的溶解氧。

第五，含高浊度和高色度废水产生的污染。引起光通过量不足，影响生物的生长繁育。

第六，酸性和碱性废水产生的污染。除对生物有危害作用外，还会损坏设备和器材。

第七，含有多种污染物质废水产生的污染。各种物质之间会产生化学反应，或在自然光和氧的作用下产生化学反应并生成有害物质。例如，硫化钠和硫酸产生硫化氢，亚铁氰盐经光分解产生氰等。

第八，含氮、磷工业废水产生的污染。在湖泊等封闭性水域，由于含氮、磷物质的废水流入，会使藻类及其他水生生物异常繁殖，使水体富营养化。

（三）工业废水的污染物和水质指标

了解工业废水中污染物的种类、性质和浓度，对于废水的收集、处理、处置设施的设计和操作，以及环境质量的技术管理都是十分重要的；对于该废水危害环境的评价，也是至关重要的。废水中污染物种类较多，根据废水对环境污染所造成危害的不同，大致可分为固体污染物、有机污染物、油类污染物、有毒污染物、生物污染物、酸碱污染物、需氧污染物、营养性污染物、感官污染物和热污染物等。

为了表征废水水质，规定了许多水质指标。主要有化学需氧量、有毒物质、有机物质、悬浮物、细菌总数、酸碱度（pH）、色度、氨氮、磷、生物需氧量等。一种水质指标可能包括几种污染物的综合指标，而一种污染物也可以造成几种水质指标的表征。例如，悬浮物可能包括有机污染物、无机污染物、藻类等，而一种有机污染物就可以造成 COD、BOD、pH 等水质指标的表征。

第二节　工业废水的污染源与调查

一、工业废水污染源控制

控制污染源是非常有必要的，如果把生产中产生的污染称为第一代污染，在处理这种污染时，不可避免地形成污泥等第二代污染，而这部分污染是不容忽视的。例如，活性污泥、絮凝沉淀或化学沉淀后产生的沉淀等，吸附后的活性炭，离子交换后的树脂，膜分离技术处理后产生的废膜（一般膜的使用周期还是相当短的，一旦更换组件或膜，就会产生大量的废弃膜，焚烧处理后产生废气和废渣）。但是，无论在消除第一代还是第二代污染时，所需要资金在形式上表现为货币，实质上需要投入相应量的物质和能量，而在生产这些用于消除污染的物质时，不仅增加了资源的消耗，而且在这些物质的生产过程中又产生相应的第三代污染。例如，絮凝剂的生产、树脂的生产、处理金属设备的加工、水泥构筑物的建造等。尤其当深度处理时，有可能会造成大于之前 10 倍的污染。

因此，我们需要减少不必要的生产，使得生产回归到满足人类生产生活需要的传统意义上，而不是以追求资本为目的。在必要物质生产的各项活动中，要求尽量减少各种资源的消耗和各资源在生产过程中的流失，并尽量回收利用污水或污泥中有用的物质。一般而言，工业废水污染源的控制可以从以下方面着手：

（一）减少废水的排出量

减少废水排出量是减少处理装置规模的前提，主要的措施如下：

1. 节约用水

"生产单位产品或获得单位产值排出的废水量称为单位废水量，它是衡量一种工艺或行业的清洁生产能力的一个常用指标"[1]。不同行业，或同一行业的不同工艺，单位废水量相差可能很大。对于合理用水或采用清洁生产工艺的工厂，单位用水量一般远低于管理不善、工艺落后的工厂。

2. 废水分流

将工厂所有废水混合后再进行处理，不但增大了处理的难度，也增大了处理的规模。如果将高浓度的废水和低浓度或微污染的废水进行分流，高浓度的废水可以回收有用物质，即使不能回收，也可以减小处理规模，减少投资。低浓度废水可以采用较为经济、简单的工艺进行处理，而微污染或未污染的生产废水，则可以直接回用或用作冲洗水等。具体而言，主要措施有：①在生产现场对原材料和水资源等进行循环回收和重复利用；②原生产工艺流程中增设物料、水流闭路循环回用系统，使生产过程中先期损失的物料得以在后续环节中返回生产流程，并被重复利用，主要包括建立闭路循环回收系统、环回用物料。

从水回用角度考虑，许多工业系统实施完全闭路循环，尽管这在理论上可行，但由于产品质量控制要求，水的再利用需要有上限。例如，造纸厂实施闭路循环，导致溶解性有机物的不断积累，这增加了污泥控制费用，增加了造纸和停工检修时间，在某些条件下还会引起库存纸变色。显然，最大再

---

① 郭宇杰，修光利，李国亭. 工业废水处理工程 [M]. 上海：华东理工大学出版社，2016：13.

利用率应该有个上限，以确保生产法与产品正常。

3. 改革生产的工艺

改革生产工艺即以最少的原料和能源消耗，生产尽可能多的产品。具体而言，应当做到：节约能源、利用可再生能源、利用清洁能源、开发新能源、实施各种节能技术和措施、节约原材料、利用无毒无害原材料、减少使用稀有原材料、现场循环利用物料以及把生产活动和预期的产品消费活动对环境的负面影响减至最小。

4. 避免间断性排出工业废水

避免间断排出工业废水，如电镀厂在更换电镀废液时，常间断地排出大量高浓度废水，则必须设置水量调节池，再均匀排出，进入后续的废水处理设施。如果间歇性地处理废水，则需要较大规模的处理设施，在间歇的时间内，设施又被闲置，造成资源浪费。而且一些工艺还是需要连续性的。因此，在大部分工业废水处理过程中，调节池是必不可少的。

（二）降低废水的污染物浓度

废水中污染物来源有两个方面：一是本应成为产品的成分，由于某种工艺限制或管理不善而进入废水中，如制糖厂废水中的成分，酒精厂废水中的酒精等；二是从原料到产品的生产过程中产生的副产物或杂质，如纸浆废水中的木质素，酒精废水中的乙酸等。虽然一般从原料经加工，成为产品的过程中转化率不可能达到100%，但通过改革生产工艺和设备性能，加强现场管理水平，还是能够达到提高原料转化率，或减少产品的流失，减少污染物产生量，从而降低废水中污染物浓度的目的。降低废水的污染物浓度，一般有以下措施：

第一，改革生产工艺，采用无毒无害原材料。例如，电镀厂镀铜、镀锌时，起初工艺一般采用氰，由于其剧毒的缺点，现在基本已经选择了无氰工艺。另外，如纺织厂、上浆用的聚乙烯醇（PVA）浆料，会造成较高的COD_{Cr}，而且难以生物降解，即环境污染严重而难以处理，应当尽量淘汰。

第二，改进生产设备的性能和结构。如果废水中污染物质是目标产品时，可以通过改进装置的结构和性能，提高产品的收率，降低废水污染物浓度。如在炼油厂的各工段设集油槽防止油类排出，以减少废水中油的浓度。

第三，废水分流。通过分流后如果实现回收高浓度废水中的物质，则减少了废水中污染物总含量，降低了废水中污染物浓度。但如果总的工艺采用生物处理时，工业废水往往和工厂浓度较低的生活污水混合，利用其中含有的氮、磷和可降解有机物，提高总废水的可生化性。

第四，废水进行均和。也就是通过设置调节池，降低总废水中污染物浓度，但这种方法并不能减少污染物的排放总量，对于易降解的污染物，如果能够降低至污水排放标准，则可以直接排放，利用天然水体的自净能力去除污染，无须增加污染物处理设施。但对于难生物降解的有毒有害有机物和重金属类污染物，不可利用这种方式排放。

第五，回收有用物质。回收有用物质是降低污染物含量的最好办法。将污染物回收，使其成为有经济价值的产品，是环保工作最好的结果，也是我们的追求目标和努力方向。例如，从电镀废水中回收铬酸，从造纸废水中回收木质素，从酿造废水中回收蛋白饲料等。当然，一定要通过一定技术，使得产品回收的成本具有经济性。

第六，排出系统的控制。当废水的浓度超过规定值时，能立即停止污染物发生源工序的生产或预先发出警报。

二、工业废水的调查内容

（一）水量的调查

废水流量测定方法的选择，通常取决于测定对象的物理位置。当废水通过污水管时，可以通过测量管道内废水流速和深度计算流量：$Q=$ 过水截面积 $A\times$ 流速 u，此方法仅适用于污水管管径均匀并部分充满的情况。水的平均流速可用两孔间浮标法测定的表面流速的 0.8 倍来估算。

较准确的测量可以采用流量计来进行。例如，对于沟渠，可筑一个小堰按照上述方法测定明渠中水深和流速经估算得出流量。在某些情况下，流量是通过一个连续工作的泵的泵速和时间求得。另一些情况下，日废水量是通过记录工厂日耗水量，再乘以损耗系数求得。通过收集信息得到废水流量和污染物特征，其步骤可以归纳如下：

第一，通过调研工厂各级操作程序和生产工序，绘制出污水管道图，并标出可能产生废水的点和预测流量的大致数量级。

第二，制订采样和分析时间表。为此，流量加权的连续混合采样是最理想的，但实际情况往往是条件不具备或者取样人员不能总在现场而难于做到。

取样周期和频率要按照研究对象的性质来确定，一些连续过程的样品以小时为单位测得，并取 8h、12h，甚至 24h 的混合样。如果水样显示较大的波动，可能需要取 1h 或 2h 的混合样进行分析。由于大多数工业废水的处理已建立了一定程度的平衡和储存容量，所以多数样品无须频繁采样。

第三，制订一张物流平衡图。根据收集数据及样品分析结果，绘制出废水排放源的物流平衡图。其关键问题是保证各个排放源的污染物排放量累加值与测量的总污染物排放量接近。

第四，建立一套废水特征统计变化值。某些废水特征的变化情况对废水处理厂的设计具有重要意义。根据已获得的数据，可绘制出概率图，表明其出现的频率。

（二）水质的调查

对样品的取样分析方法的设计取决于两个方面，即样品的特征和分析的最终目的。例如，针对 pH 的监测，在取样时必须当时测定单个水样的 pH 值，否则混合水样后会发生酸碱中和，取得的数据不能真实反映水样的 pH，给设计者提供错误的信息。

对某些水力停留时间较短的生物处理设计，确定 BOD_5 负荷变化需要取 8h 或更短时间的混合样。而对于停留时间数天的完全混合条件下的曝气塘，则 24h 的混合样就足以满足设计要求。在需要确定生物处理时营养成分需求而进行氮、磷等成分测定时，由于生物系统具有一定的缓冲能力，因此取 24h 混合样即可。但当存在毒性排放物的情况时，由于少量毒性物质也会完全破坏生物处理过程。因此，如果已知毒物的存在，连续监测样品是十分必要的。

由于工业废水调查所得的数据往往易变，因此通常采用统计分析，为过程设计提供基础依据，这类数据往往按照废水的特定特性出现的频率来报告，即按出现废水的某个特征数值的可能性不超过 10%、50%、90% 三种情况来报告。

按照浓度递增的顺序分别排列出 SS 和 BOD_5 的浓度值。设 n 为测量 BOD。或 SS 的总次数，m 为递增数值序列的顺序号（$1\sim n$），横坐标 $m/(n+1)$ 相当于该浓度出现的百分数。在概率纸上，以实际值对出现概率作图，用目测的办法，画出最接近这些点的平滑趋势线。

第三节　工业废水处理的机械设备

一、工业废水处理的通用机械设备

（一）阀门

1. 阀门的种类

（1）闸阀。闸阀作为截止介质使用，在全开时整个流通直通，此时介质运行的压力损失最小。闸阀通常用于不需要经常启闭，而且保持闸板全开或全闭的工况，不适合作调节或节流使用。对于高速流动的介质，闸板在局部开启状况下可以引起闸门的振动，而振动又可能损伤闸板和阀座的密封面，而节流会使闸板遭受介质的冲蚀。从结构形式上，主要的区别是所采用的密封元件的形式。根据密封元件的形式，常常把闸阀分成一些不同的类型，如楔式闸阀、平行式闸阀、平行双闸板闸阀、楔式双闸板闸阀等。最常用的形式是楔式闸阀和平行式闸阀。

（2）截止阀。截止阀的阀杆轴线与阀座密封面垂直。阀杆开启或关闭行程相对较短，并具有非常可靠的切断动作，使得这种阀门非常适合作介质的切断或调节及节流使用。截止阀的阀瓣一旦处于开启状况，它的阀座和阀瓣密封面之间就不再接触，并具有非常可靠的切断动作，这种阀门非常适合作介质的切断或调节及节流使用。截止阀一旦处于开启状态，它的阀座和阀瓣密封面之间就不再有接触，因而它的密封面机械磨损较小，由于大部分截止阀的阀座和阀瓣比较容易修理，更换密封元件时无须把整个阀门从管线上拆下来，这对阀门和管线焊接成一体的场合是很适用的。介质通过此类阀门时，流动方向发生变化，因此截止阀的流动阻力高于其他阀门。

常用的截止阀有三种：①角式截止阀。在角式截止阀中，流体只需改变一次方向，因此通过此阀门的压力降比常规结构的截止阀小。②直流式截止阀。在直流式或 Y 形截止阀中，阀体的流道与主流道成一斜线，这样流动状态的破坏程度比常规截止阀要小，通过阀门的压力损失也相应变小。③柱塞式截止阀。柱塞式截止阀是常规截止阀的变形。在该阀门中，阀瓣和阀座通常是基于柱塞原理设计的。阀瓣磨光成柱塞与阀杆相连接，密封是由套在柱塞上的两个弹性密封圈实现的。两个弹性密封圈用一个套环隔开，并通过由阀盖螺母施加在阀盖上的载荷把柱塞周围的密封圈压牢。弹性密封圈能够更换，可以采用各种各样的材料制成，该阀门主要用于"开"或者"关"，但是备有特制形式的柱塞或特殊的套环，也可以用于调节流量。

（3）蝶阀。蝶阀的蝶板安装于管道的直径方向。在蝶阀阀体圆柱形通道内，圆盘形蝶板绕着轴线旋转，旋转角度为 $0 \sim 90°$，旋转到 $90°$ 时，阀门处于全开状态。

蝶阀结构简单、体积小、质量轻，只由少数几个零件组成，而且只需旋转 $90°$ 即可快速启闭，操作简单，同时该阀门具有良好的流体控制特性。蝶阀处于完全开启位置时，蝶板厚度是介质流经阀体时唯一的阻力，因此，通过该阀门所产生的压力降很小，故具有较好的流量控制特性。蝶阀有弹性密封和金属密封两种密封形式。弹性密封阀门、密封圈可以镶嵌在阀体上或附在蝶板周边。外发采用金属密封的阀门一般比弹性密封的阀门寿命长，但很难做到完全密封。金属密封能适应较高的工作温度，弹性密封则有受温度限制的缺陷。如果要求蝶阀作为流量控制使用，最主要的就是正确选择阀门的尺寸和类型。蝶阀的结构原理尤其适合大口径阀门。蝶阀不仅在石油、煤气、化工、水处理等一般工业上得到广泛应用，而且还应用于热电站的冷却水系统。

常用的蝶阀有对夹式蝶阀和法兰式蝶阀两种。对夹式蝶阀是用双头螺栓将阀门连接在两管道法兰之间；法兰式蝶阀是阀门上带有法兰，用螺栓将阀门两端法兰连接在管道法兰上。

（4）球阀。球阀由旋塞阀演变而来，它具有相同的旋转 $90°$ 开关动作，不同的是旋塞体是球体，有圆形通孔或通道通过其轴线。球面和通道口的比例应该是这样的，即当球旋转 $90°$ 时，在进、出口处应全部呈现球面，从而截断流动。球阀只需用旋转 $90°$ 的操作和很小的转动力矩就能关闭严密。完全平等的阀体内腔为介质提供了阻力很小、直通的流道。通常认为球阀最适宜直接做开闭使用，但近来的发展已将球阀设计成使它具有节流和控制流量之用。球阀的主要特点是本身结构紧凑，易于操作和维修，适用于水、溶剂、酸和天然气等一般工作介质，而且还适用于工作条件恶劣的介质，如氧气过氧化氢甲烷和乙烯等。球阀阀体可以是整体的，也可以是组合式的。

（5）止回阀。在废水处理厂的水泵房和鼓风机房，往往要若干台水泵或者鼓风机并联工作，才能满足所需的进水量或送风量。当其中一台因某种因素停止工作时，管网中的压力水或空气会从该台水泵或鼓风机的出水口或出风口倒流进水泵或鼓风机；当全部鼓风机停止运行后，曝气池中的水会因池底的压力通过曝气头流进鼓风机房。为避免上述情况出现，可以在每一台水泵或者鼓风机的出水口或者出风口安装一个止回阀，以防止倒流。止回阀又称逆止阀或者单向阀，由一个阀体和一个装有弹簧的活瓣门组成。

2. 阀门的操作维护

阀门在管路中的使用是非常广泛的，为此做好阀门的正常操作和维护工作是十分重要的。启闭阀门时，不要动作过快，阀门全开后，必须将手轮倒转少许，以保持螺纹接触严密又不损伤，关闭阀门时，应在关闭到位后回松一两次，以便让流体将可能存在的污物带走，然后再适当用力关紧。电动阀应保持清洁及接点的良好接触，防止水、汽和油的污染。

阀门的维护工作要做到以下方面：

（1）保持固体支架和手轮清洁与润滑良好，使传动部件灵活操作。

（2）检查有无渗漏，如有应及时修复。

（3）安全阀要保持无挂污与无渗漏，并定期校验其灵敏度。

（4）注意观察减压阀的减压功能。若减压值波动较大，应及时检修。

（5）阀门全开后，必须将手轮倒转少许，以保持螺纹接触严密、不损伤。

（6）露天阀门的传动装置必须有防护罩，以免大气及雪雨的侵蚀。

（7）要经常侧听止逆阀阀芯的跳动情况，以防止掉落。

（8）做好保温与防冻工作，应排净停用阀门内部积存的介质。

（9）电动阀应保持其接点的良好接触，以防水、汽油的污染。

（10）阀门关闭费力时应用特制扳手，尽量避免用管钳，不可用力过猛或用工具将阀门关得过大。

（11）蒸汽阀开启前应先预热并排出凝结水，然后慢慢开启阀门，以免汽、水冲击；阀门全开后，应将手轮倒转少许，以保持螺纹接触严格又不损伤。

（12）对于减压阀、调节阀、疏水阀等自动阀门，在启用时，应先将管道冲洗干净；注意观察减压阀的减压效能，如减压值波动较大，应及时检修。

（二）水泵

泵是输送流体或使流体增压的机械，它将原动机的机械能或其他外部能量传送给液体，使液体能量增加。泵主要用来输送水、油、酸碱液、乳化液、悬乳液和液态金属等，也可输送液、气混合物及含悬浮固体物的液体。在污水处理中，用得最多的是离心泵。

在污水处理和石油化工中，所要输送的液体数量、性质、压力大小等各不相同，为了适应这些不同的要求，设计并制造了各种各样的泵。常用泵根据作用原理和结构特征可概括划分为三大类：①叶片式泵。叶片式泵主要有离心泵（单吸泵、双吸泵；单级泵、多级泵；蜗壳式泵分段式泵；立式泵、卧式泵；屏蔽泵）、混流泵、旋涡（闭式泵、开式泵；单级泵、多级泵）、轴流泵等。②容积式泵。容积式泵主要包括往复泵（蒸汽直接作用泵）；电动泵（三联泵、计量泵、隔膜泵）；转子泵（齿轮泵、螺杆泵）等。③流体动力泵。流体动力泵包括喷射泵、扬酸器（酸蛋）等。

各类泵都有自己的特点和适用范围。离心泵主要适用于大、中流量和中等压力的场合；往复泵适用于小流量和高压力的场合；齿轮泵等转子泵则多适用于小流量和高压力的场合。其中离心泵适用范围广、结构简单、运转可靠，在石油化工及其他生产中广泛应用。容积式泵只在一定场合下使用，其他类型泵则使用较少。下面以离心泵为例进行阐述。

1. 离心泵的结构

离心泵的结构特点是在一个蜗壳形的泵壳内，安装了一个可以快速旋转的叶轮，在叶轮上有2～8片叶片。泵壳上有两个接口，通向叶轮中心的为进口，与吸入管路相连接；泵壳切线方向的为出口，与排出管路相连接。离心泵的主要工作部件是叶轮。当叶轮旋转时，液体就连续不断地从排出管排出，并使被产生的压力送至高处。

2. 离心泵的工作原理

离心泵为何能把液体送到高处，这可以从日常生活现象来说明。雨天，当我们打着雨伞外出时，如果将伞柄急速旋转，伞上的雨水由于离心力的作用便沿着伞的周围飞溅出去，离心泵的工作原理和这种现象很相似。在启动泵前要先用液体从漏斗将泵壳灌满。当叶轮快速旋转时，叶片间的液体也跟着旋转起来。液体在离心力作用下，沿着叶片流道从叶轮的中心往外运动，然后从叶片的端部被甩出，进入泵壳内蜗室和扩散管（或导轮）。当液体流到扩散管时，由于液流断面积渐渐扩大，流速减慢，将一部分动能转化为静压能，使压力上升，最后从排出管压出。与此同时，在叶轮中心，由于液体甩出产生了局部真空，因此吸液池内的液体在液面压力的作用下就从吸入管源源不断地被吸入泵内。叶轮连续旋转，将液体不断地由吸液池送往高位槽或压力容器。离心泵能输送液体是靠高速旋转的叶轮使液体受到离心力的作用，故名为离心泵。

离心泵进出管线上的管路附件，对泵的正常操作作用很大。底阀是一个止回阀，它的作用是保证启动泵前往泵内灌的液体不会从吸入管流走。滤网可防止吸液池内的杂物进入管道和泵壳造成堵塞。离心泵启动后，如果泵体和吸入管路中没有液体，它就没有抽吸液体的能力。因为它的吸入口和排出口是相通的，叶轮中无液体而只有空气时，由于空气的密度比液体的密度小得多，不论叶轮怎样高速旋转，叶轮吸入口都不能达到较高的真空度。因此离心泵必须在泵壳内和吸入管中灌满液体或抽出空气后才能启动工作。

3. 离心泵的分类

离心泵的分类方法很多，一般可按以下方法来分类：

（1）按叶轮数目分类：①单级泵。单级泵泵中只有一个叶轮，所产生的压力不高，一般不超过 $1.5 \times 10 kPa$。②多级泵。同一根泵轴上装有串联的两个以上的叶轮。

（2）按叶轮吸入方式分类：①单吸泵。在单吸泵中液体从一侧流入叶轮，即泵只有一个吸入口。这种泵的叶轮制造容易，液体在其间流动的情况较好，但缺点为叶轮两侧受到的液体压力不同，使叶轮承受轴向力的作用。②双吸泵。在双吸泵中液体从两侧同时流入叶轮，即泵具有两个吸入口，这种泵的叶轮及泵壳制造比较复杂，两股液体在叶轮的出口汇合时稍有冲击，影响泵的效率，但叶轮的两侧液体相等，没有轴向力存在，而且泵的流量几乎是单吸泵的 2 倍。

（3）按从叶轮液体引向泵室的方式分类：①蜗壳式泵。泵室为蜗壳形，液体从叶轮流出后经蜗壳流速降低，压力升高，然后由排出口流出。②导叶式泵。液体从叶轮流出后先经过固定的导叶轮，在其中降速增压后，进入泵室，再经排出口流出。早期，这种泵称为透平泵。多级泵大多是这种形式。

（4）按壳体剖分方式分类：①中开式泵。壳体在通过轴中心线的平面上分开。②分段式泵。壳体按与主轴垂直的平面剖分。

（5）按泵的用途和输送液体的性质分类：泵按用途和输送液体的性质可分为水泵杂质泵、酸泵、碱泵、油泵、低温泵、高温泵和屏蔽泵等。

若将离心泵的叶轮和叶片加以适当改变，则可得到三种不同形式的泵，这些泵都有叶轮和叶片，故均称为叶片泵，但其流动特点是有区别的：①离心泵。液流轴向进入叶轮，而以垂直于轴的径向叶轮流出。这种泵产生的压力主要是离心力所致。②轴流泵。液流都是轴向进出叶轮。在这种泵中，叶轮或叶片的形式类似螺旋桨，液体的压力主要由叶片的升力所产生，而离心力不起作用。混流泵。液流轴向进入叶轮，而以轴向与径向之间的某一方向流出，这种泵的每个叶片一部分像离心泵，一部分像轴流泵，即叶片是扭曲形的，它的压力一部分由离心力产生，一部分由叶片升力产生。

4. 离心泵的主要零件

（1）叶轮。离心泵输送液体是依靠泵内高速旋转的叶轮对液体做功而实现的。因此叶轮是离心泵中的主要零件，也是易损零件。叶轮的尺寸、形状和制造精度对泵的性能有很大的影响。叶轮可按需要由铸铁、铸钢、铜及其他材料制成。叶轮按其结构形式可分为以下三种：

第一，闭式叶轮。闭式叶轮的两边都有盖板，两端板间有数片后弯式叶片（以般为 7 ~ 8 片），叶轮内形成封闭的流道，这种叶轮的效率较高，应用最多，适用于输送干净的液体。闭式叶轮有单吸和双吸两种。

第二，半开式叶轮。半开式叶轮靠吸入口一边没有盖板，另一边有盖板，适用于输送具有黏性或含有固体颗粒的液体。

第三，开式叶轮。叶轮的两侧均没有盖板，效率低，适用于输送污水、含泥沙及含纤维的液体。

（2）蜗壳和导轮。

第一，蜗壳。单级泵中采用的蜗壳由铸铁铸成，呈螺旋线形，其内流道逐渐扩大，出口为扩散管状。液体从叶轮流出后其流速可以平缓地降低，使很大一部分动能头转化为静能头。蜗壳的优点是制造方便，泵的性能曲线的高效率区域比较宽，车削叶轮后泵的效率变化小。缺点是蜗壳形状不对称，在使用单蜗壳时作用在转子径向的压力不均匀，易使轴弯曲。

第二，导轮。导轮是一个固定不动的圆盘，正面有包在叶轮外缘的正向导叶，这些导叶构成了一条条扩散形流道，背面有将液体引向下一级叶轮入口的反向导叶。液体从叶轮甩出后，平缓地进入导轮，沿着正向导叶继续向外流动，速度逐渐降低，动能大部分转变为静能头。液体经导轮背面的反方向导叶被引向下一级叶轮。

蜗壳相比较，导轮的优点是外形尺寸小，缺点是效率低，这是由于导轮中有多个导叶，当泵的实际工况与设计工况偏离时，液体流出叶轮时的运动轨迹与导叶形状不一致，使其产生较大的冲击损失。

（3）轴向力及其平衡装置。单面进水的离心泵工作时，叶轮正面和背面所受的液体压力是不相同的，其合力总是沿着轴向，称为轴向力。由于不平衡的轴向力的存在，泵的整个转子向吸入口传动，造成振动并使叶轮入口外缘与密封环发生摩擦，严重时使泵不能正常工作，因此必须平衡轴向力并限制转子的轴向传动。常见的平衡轴向力的措施有：①叶轮上开设平衡孔。在泵的叶轮后盖板靠近轴孔处钻几个小孔（每个叶片一个），称为平衡孔，用来平衡轴向力。②采用双吸式叶轮。③叶轮对称布置。在多级泵中可以采用叶轮对称排列来消除轴向力。④平衡盘装置。对级数较多的离心泵，更多采用平衡盘来平衡轴向力。平衡盘装置由平衡盘（铸铁制）和平衡环（铸铜制）组成，平衡盘装在末级叶轮后面轴上，和叶轮一起转动；平衡环固定在出水段泵体上。

（4）密封装置。

第一，密封环。离心泵的叶轮是在高速转动的，因此它与固定的泵壳之间必然要留间隙，这样就造成了从叶轮出来的液体经叶轮进口与泵盖之间的间隙漏回到泵的吸液口（内泄漏）以及从叶轮背面与泵壳之间的间隙漏出，然后经填料函漏到壳外（外泄漏）。为了减少泄漏，必须尽量减小小叶轮和泵壳之间的间隙，但是间隙太小又易发生叶轮和泵壳的摩擦，特别是当液体中含有固体颗粒，或安装不正时，磨损更为严重。所以要保护叶轮和泵壳不致被磨损，又尽量减少间隙，就在泵壳和叶轮间隙的两边或一边装上密封环，密封环由耐磨材料（如铸铁、青铜，或在碳钢表面堆焊一层硬质合金等）制成。一般叶轮上的密封环可比泵壳上的材料更硬一些，这样当泵壳上密封磨损后间隙增大时，可先予更换。

第二，轴封装置。在轴穿过泵的地方会产生液体的泄漏，所以在那里必须要有轴封装置。轴封装置分填料密封和机械密封两种。在泵的吸入口一边穿过泵壳，由于泵吸入口较多是在真空下，因此，密封装置就可以阻止外界空气漏入泵内，保证泵的正常操作；如果是在排出口一边穿过泵壳，由于排出液压力较高，轴封装置就可以阻止液体外泄，提高容积效率。

5. 离心泵的安装

在化工生产中，液体输送是主要的生产过程之一，输送液体的机器是各种泵，其中离心泵应用最广。

离心泵的安装技术要求如下：离心泵安装后，泵轴的中心线应水平，其位置和标高必须符合设计要求；离心泵轴的中心线与电动机轴的中心线应同轴；离心泵各连接部分，必须具备较好的严密性；离心泵与机座、机座与基础之间，必须连接牢固。离心泵的安装工作包括机座的安装、离心泵的安装、电动机的安装二次灌浆和试车。

（1）机座的安装。机座，又称底盘、台板、基础板等，它的安装在离心泵的安装工作中占有重要的地位。因为离心泵和电动机都是直接安装在机座上的（一般小型泵为同一个机座，大型泵可分为两个机座），如果机座的安装质量不好，会直接影响泵的正常运转。机座安装的步骤为：①基础的质量检查和验收；②铲麻面和放垫板；③安装机座。安装机座时，先将机座安装在吊板上，然后进行找正和找平。

（2）离心泵和电动机的安装。机座安装好后，一般先安装泵体，然后以泵体为基础安装电动机。因为一般的泵体比电动机重，而且要用管路与其他设备相互连接，当其他设备安装好后，泵体的位置也就确定了，而电动机的位置则可根据泵体的位置作适当调整。

（3）二次灌浆。离心泵和电动机完全装好以后，就可进行二次灌浆。待二次灌浆时的水泥砂浆硬化后，必须再校正一次联轴器的中心，看是否有变动，并作记录。

（4）试车。离心泵安装好后，必须经过试车，其目的是检查及消除在安装中没有发现的问题，使离心泵的各配合部分运转协调。

试车步骤为：①关闭排出管上的阀门。②用水（或其他被运输的液体）注满泵内，以排出泵内的空气。通常小型的离心泵就直接把水（或其他液体）从泵体上的漏斗注入；大型的离心泵则需开动附设的真空泵，把泵内的空气抽除，造成负压，液体便由进口的单向阀门进入泵内。③开动电动机。④当电动机达到正常转速后，打开排出管上的阀门，正式输送液体。

另外，在试车中可能出现各种问题，要随时注意轴承温度以及进口真空度和出口压力的变化情况。若轴承温度进口真空度和出口压力都符合要求，且泵在运转时振动很小，则可以认为整个泵的安装质量符合要求。离心泵试车后，便可把所有的安装记录文件及图纸移交给生产单位，该泵可以正式投入生产。

（三）风机

"风机是依靠输入的机械能，提高气体压力并排送气体的机械，是一种从动流体机械"[1]。

1. 风机的主要用途

通风机广泛用于工厂、矿井、隧道、冷却塔、车辆、船舶和建筑物的通风、排尘和冷却；锅炉和工业炉窑的通风和引风；空气调节设备和家用电器设备中的冷却和通风；谷物的烘干和选送；风洞风源和气垫船的充气和推进等。通风机的工作原理与透平压缩机基本相同，只是由于气体流速较低，压力变化较小，一般不需要考虑气体比容的变化，即将气体作为不可压缩流体处理。

2. 风机的类型结构

按气体流动的方向，通风机可分为离心式、轴流式、斜流式和横流式等类型。离心通风机工作时，动力机（主要是电动机）驱动叶轮在蜗形机壳内旋转，空气经吸气口从叶轮中心处吸入。由于叶片对气体的动力作用，气体压力和速度得以提高，并在离心力作用下沿着叶道甩向机壳，从排气口排出。因气体在叶轮内的流动主要是在径向平面内，故又称径流通风机。

离心通风机主要由叶轮和机壳组成，小型通风机的叶轮直接装在电动机上，中、大型通风机通过联轴器或皮带轮与电动机连接。离心通风机一般为单侧进气，用单级叶轮；流量大的可双侧进气，有两个背靠背的叶轮，又称为双吸式离心通风机。叶轮是通风机的主要部件，它的几何形状、尺寸、叶片数目和制造精度对性能有很大影响。叶轮经静平衡或动平衡校正才能保证通风机平稳地转动。按叶片出口方向不同，叶轮分为前向、径向和后向三种形式。前向叶轮的叶片顶部向叶轮旋转方向倾斜；径向叶轮的叶片顶部是径向的，又分直叶片式和曲线形叶片；后向叶轮的叶片顶部向叶轮旋转的反向倾斜。

前向叶轮产生的压力最大，在流量和转数一定时，所需叶轮直径最小，但效率一般较低；后向叶轮相反，所产生的压力最小，所需叶轮直径最大，而效率一般较高；径向叶轮介于两者之间。叶片以直叶片最简单，机翼形叶片最复杂。为了使叶片表面有合适的速度分布，一般采用曲线形叶片，如等厚度圆弧叶片。叶轮通常都有盖盘，以增加叶轮的强度和减少叶片与机壳间的气体泄漏。叶片与盖盘的连接采用焊接或铆接。焊接叶轮的质量较轻、流

---

① 廖权昌，殷利明. 污废水治理技术 [M]. 重庆：重庆大学出版社，2021：270.

道光滑。低中压小型离心通风机的叶轮也有采用铝合金铸造的。

轴流式通风机工作时，动力机驱动叶轮在圆筒形机壳内旋转，气体从集流器进入，通过叶轮获得能量，提高压力和速度，然后沿轴向排出。轴流通风机的布置形式有立式、卧式和倾斜式三种，小型的叶轮直径只有100mm左右，大型的可达20m以上。

小型低压轴流通风机由叶轮、机壳和集流器等部件组成，通常安装在建筑物的墙壁或天花板上；大型高压轴流通风机由集流器、叶轮、流线体、机壳、扩散筒和传动部件组成。叶片均匀布置在轮毂上，数目一般为2～24。叶片越多，风压越高；叶片安装角一般为10°～45°，安装角越大，风量和风压越大。轴流式通风机的主要零件大都用钢板焊接或铆接而成。

斜流通风机又称混流通风机，在这类通风机中，气体以与轴线成某一角度的方向进入叶轮，在叶道中获得能量，并沿倾斜方向流出。通风机的叶轮和机壳的形状为圆锥形，这种通风机兼有离心式和轴流式的特点，流量范围和效率均介于两者之间。

横流通风机是具有前向多翼叶轮的小型高压离心通风机。气体从转子外缘的一侧进入叶轮，然后穿过叶轮内部从另一侧排出，气体在叶轮内两次受到叶片的力的作用。在相同性能条件下，它的尺寸小、转速低。与其他类型低速通风机相比，横流通风机具有较高的效率，它的轴向宽度可任意选择，而不影响气体的流动状态，气体在整个转子宽度上仍保持流动均匀，它的出口截面窄而长，适宜安装在各种扁平形的设备中用来冷却或通风。

通风机的性能参数主要有流量、压力、功率、效率和转速，噪声和振动的大小也是通风机的主要技术指标。

二、工业废水处理的专用机械设备

（一）刮泥机

刮泥机是将沉淀池中的污泥刮到一个集中部位的设备，多用于污水处理厂的初次沉淀池、二次沉淀池和重力式污泥浓缩池。

1. 链条刮板式刮泥机

链条刮板式刮泥机在两根节数相等连成封闭环状的主链上，每隔一定间距装有一块刮板。由驱动装置带动主动链轮转动，链条在导向链轮及导轨的支承下缓慢转动，并带动刮板移动，刮板在池底将沉淀的污泥刮入池端的污泥斗，在水面回程的刮板则将浮渣刮到渣槽。链条刮板式刮泥机的特点是移动的速度可调至很低，常用速度为 0.6 ~ 0.9m/min。由于刮板数量多，连续工作，每个刮板的实际负荷较小，故刮板的高度低，它不会使池底污泥泛起，又可利用回程的刮板刮浮渣。整个设备大部分在水中运转，沉淀池可加盖密封，防止臭气散发。缺点是单机控制宽度只有 4 ~ 7m，大型池需安置多台刮泥机；水中运转部件较多，维护困难；大修时需更换所有主链条，成本较高（占整机成本的 70% 以上）。

2. 桁车式刮泥机

桁车式刮泥机安装在矩形平流式沉淀池上。桁车式刮泥机的运行方式为往复式运动。每一个运行周期包括一个工作行程和一个不工作返回行程，这种刮泥机的优点是在工作行程中，浸没于水中的只有刮泥板及浮渣刮板，而在返回行程中全机都提出水面，这给维修保养带来了很大的方便；由于刮泥与刮渣都是单向推动的，故污泥在池底停留时间少，刮泥机的工作效率高。缺点是运动较为复杂，因此故障率相对高一些。桁车式刮泥机的结构部分主要包括横跨沉淀池的大梁、轮架以及供操作及检修人员行走的走道、扶手等。

3. 回转式刮泥机

回转式刮泥机在辐流式沉淀池和圆形污泥浓缩池上多使用回转式刮泥机和浓缩机，它具有刮泥及防止污泥板结的作用，用以促进泥水分离。回转式刮泥机按照桥架结构不同分为全跨式和半跨式；按驱动方式不同分为中心驱动和周边驱动；按刮泥板形式不同分为斜板式和曲线式。

回转式刮泥机有些在半径上布置刮泥板，桥架的一端与中心立柱上的旋转支座相接，另一端安装驱动装置和滚轮，桥架做回转运动，每转一圈刮一次泥，这种形式称为半跨式（又称周边驱动）刮泥机。回转式刮泥机特点是结构简单、成本低，适用于直径 30m 以下的中小型沉淀池。

另外，一些回转式刮泥机具有横跨直径的工作桥，旋转式桁架为对称的双臂式桁架，刮泥板也是对称布置的，该种形式称为全跨式（又称双边式）刮泥机。对于一些直径 30m 以上的沉淀池，刮泥机运转一周需30 ~ 100min，采用全跨式每转一周可刮两次泥，可减少污泥在池底的停留时间。有些刮泥机在中心附近与主刮泥板的 90° 方向再增加几个副刮泥板，在污泥较厚的部位每回转一周刮 4 次泥。

（二）滗水器

滗水器是一种收水装置，是能够在排水时随着水位升降而升降的浮动排水工具，能及时将上清液排出，同时不对池中其他水层产生扰动。为了防止浮渣随水一起排出，滗水器的收水口一般都淹没在水面下一定深度，而不像可调出水堰那样水流从堰顶溢流出去。滗水器一般由收水装置连接装置和传动装置组成。收水装置包括挡板、进水装置、浮子等，其主要作用是将处理好的上清液收集到滗水器中，再通过导管排放。滗水器在排水时需要不断转动，因此要求连接装置既能自由运转，又能密封良好。滗水器的传动装置是保证滗水器正常动作的关键，不论采用液压式传动还是机械传动，都需要与自控系统和污水处理系统进行有机结合，通过可编程控制完成滗水动作。

1. 滗水器的主要类型

滗水器从运行方式划分，可分为虹吸式、浮筒式、套筒式旋转式等；从堰口形式划分，可分为直堰式和弧堰式等。除虹吸式滗水器只有自动式一种传动方式外，其余三种运行方式的滗水器都有机械、自动或机械自动组台的传动方式。单纯的机械式调节堰滗水器，由于动力消耗大、机械部分多、寿命较短，因此使用受到一定的限制。自动式滗水器由于堰的浮力很难在流量、水位不断变化的出水水流中达到动态平衡，而且反应灵敏度较低，不易控制，所以自动式滗水器只适用于一些小规模的污水处理厂。组合式滗水器集中了机械式滗水器准确、容易控制的优点和自动式滗水器节能的优点，因此大多数大型污水处理厂多采用组合式滗水器。

2. 滗水器的运行管理

（1）经常检查滗水器收水装置的充气和放气管路以及充放气电磁阀是否完好，发现有管路开裂、堵塞或电磁阀损坏等问题，应及时予以清理或更换。

（2）定期检查旋转接头、伸缩套筒和变形波纹管的密封情况和运行状况，发现有断裂、不正常变形后不能恢复的问题时，应及时更换，并根据产品的使用要求，在这些部件达到使用寿命时集中予以更换。

（3）巡检时注意观察浮动收水装置的导杆、牵引丝杠或钢丝绳的形态和运动情况，发现有变形、卡阻等现象时，及时予以维修或更换。对长期不用的滗水器导杆，要加润滑脂保护或设法定期使其活动，防止因锈蚀而卡死。

（4）滗水器堰口以下都要求有一段能变形的特殊管道，浮筒式采用胶管、波纹管等实现变形，套筒式靠粗细两段管道之间的伸缩滑动来适应堰口的升降，而旋转式则是靠回转密封接头来连接两段管道以保证堰口的运动。使用滗水器时必须通过控制出水口的移动速度等方法，设法使组合式滗水器在各个运动位置的重力与水的浮力相平衡，这样既利用水的浮力，又能实现滗水器的随机控制。

（三）曝气设备

曝气是污水生物处理系统的一个重要工艺环节，其主要作用是向反应池内充氧，保证微生物好氧代谢所需的溶解氧，并保持反应器内的混合和物质传递，为微生物培养提供必要的条件。要提高氧气在水中的传质效率可以通过两个途径：减小气泡粒径，增大气相与液相的接触面积；提高氧气分压或采用纯氧曝气。

曝气是使空气与水强烈接触的一种手段，其目的在于将空气中的氧溶解于水中，或者将水中不需要的气体和挥发性物质放逐到空气中。曝气设备正是基于这一目的而在污水处理中被广泛采用。

所有的曝气设备都应满足三种功能：①产生并维持有效的气水接触，并且在生物氧化作用不断消耗氧气的情况下保持水中一定的溶解氧浓度；②在曝气区内产生足够的混合作用和水的循环流动；③维持液体的足够速度，以使水中的生物固体处于悬浮状态。

1. 鼓风曝气设备

鼓风曝气就是利用风机或空压机向曝气池充入一定压力的空气，一方面供应生化反应所需要的氧量，同时保持混合液悬浮固体均匀混合。扩散器是鼓风曝气的关键部件，其作用是将空气分散成空气泡，增大气液接触界面，将空气中的氧溶解于水中。曝气效率取决于气泡大小、水的含氧量、气液接触时间和气泡的压力等因素。目前常用的空气扩散器主要有：微孔扩散器；中气泡扩散器；大气泡扩散器；射流扩散器；固定螺旋扩散器。

鼓风曝气系统中常用的鼓风机为罗茨鼓风机和离心式风机。罗茨鼓风机在中小型污水厂较常用，单机风量在 80m/min 以下，缺点是噪声大，必须采取消音、隔音措施。当单机风量大于 80m/min 时，一般采用离心式鼓风机，噪声较小，效率较高，适用于大中型污水厂。

2. 机械曝气设备

机械曝气即通过机械叶轮（转刷、转碟）的转动，剧烈地搅动水面，促使污水循环流动、气液界面翻新，并产生强烈的水跃，同时叶轮转动可在后侧形成负压，有效吸入更多空气，使空气中的氧与水跃界面充分接触而溶解到水中。

（1）立式曝气机。立式曝气机的转动轴与水面垂直，装有叶轮，当叶轮转动时，使曝气池表面产生水跃，把大量的混合液水滴和膜状水抛向空气中，然后携带空气形成水气混合物回到曝气池中，从而使空气中的氧很快溶入水中。常用的立式表曝机有平板叶轮、倒伞形叶轮和泵型叶轮等。表曝机叶轮的充氧能力和提升能力同叶轮的浸没深度、转速等因素有关。在适宜的浸深和转速下，叶轮的充氧能力最大，并可保证池内污泥浓度和溶解氧浓度均匀。

（2）卧式曝气机。卧式曝气机的转动轴与水面平行，主要有转刷曝气机和转碟曝气机等，常用于氧化沟。

第一，转刷曝气机。转刷曝气机适用于推流式氧化沟曝气、推流，对污水进行充氧，可以防止活性污泥的沉淀，有利于微生物的生长，是氧化沟污水处理系统的主要设备。转刷曝气机具有曝气充氧、混合、推流的多重作用，是理想的曝气设备，曝气转刷广泛应用于市政污水以及工业废水处理。

转刷曝气机由电机减速器、主轴噪气转刷叶片、支座与联轴器、润滑密封系统等组成，主轴在传动装置的带动下以一定的速度回转，主轴上均匀布置着由碳钢、不锈钢材料或非金属材料制成的刷片，曝气转刷叶片在随主轴水平旋转的过程中，与水接触，将空气中的氧不断导入水中，并将水抛入空中，充分与空气接触，空气迅速溶入水中，完成充氧过程。同时曝气转刷对水的推动作用确保池底有 $0.15 \sim 0.3m/s$ 的流速，使活性污泥处于悬浮迁移状态，与进水混合良好。转刷曝气机具有动力效率高、充氧量大、寿命长、功率损耗低、低噪声、运行稳定可靠的特点。

第二，转碟曝气机。转碟曝气机又名曝气转盘，属于机械曝气机中的水平轴盘式表面推流曝气器。转碟曝气机是氧化沟的专用环保设备，对污水进行充氧，可以防止活性污泥的沉淀，有利于微生物的生长。转碟曝气机在推流与充氧混合功能上，具有独特的性能，SS 去除率较高，充氧调节灵活。在保证满足混合液推流速率及充氧效果的条件下，适用有效水深可达 $4.3 \sim 5m$。

随着氧化沟污水处理技术的发展，这种新型水平推流转盘曝气机的使用越来越广泛。转盘曝气机转盘的安装密度可以调节，便于根据需氧量调整机组上转盘的安装个数，每个转盘可独立拆装，设备维护保养方便。

（四）格栅除污机

格栅通常安装于处理工艺流程的最前端，它的功能是去除污水中尺寸较大的悬浮物，保护后继的机械设备。悬浮物包括塑料袋及其制品、果皮、蔬菜、木屑、碎布等。通常含水率为 70% ~ 80%，容重 960kg/m^2。格栅一般分为人工清理格栅和机械格栅。

除污机的分类具体包括：①按除污机的机构分为齿耙式和旋转链斗式；②按齿耙的传动方式分为高链式连续自动回转式和钢丝绳式；③按安装方式分为垂直安装式和倾斜安装式。

1. 格栅除污机的类型划分

（1）移动式格栅除污机。移动式格栅除污机，又称行走式格栅除污机，一般用于粗格栅除渣，少数用于较粗的中格栅。

（2）弧形格栅除污机。弧形格栅除污机用细格栅或者较细的中格栅，其齿耙臂的转动轴是固定的。齿耙绕定轴转动，条形格栅也依齿耙运动的轨迹制成弧形，齿耙的每一个旋转周期清除一次渣，每旋转到格栅的顶端便触动一个小耙，小耙将栅渣刮到皮带输送机上。为了防止小耙回程时的冲击，小耙的耙臂上装有一个阻尼式缓冲器。有效间距在 15mm 以上的中格栅的栅条一般用普通钢板制造，细格栅有些使用了不锈钢材料，这种弧形格栅除污机结构简单紧凑，动作也简单规范，但是它对栅渣的提升高度有限，不适于在较深的格栅井中使用。

（3）钢丝绳式格栅除污机。钢丝绳式格栅除污机是国内最常见的格栅除污机，也是国内最早生产的类型，主要用于中格栅与细格栅，可倾斜安装也可垂直安装。

（4）回转式格栅除污机。回转式格栅除污机是集细格栅与除污机于一身的产品，是一种在国内的大中小型污水厂中使用较广泛的固液分离装置，具有结构简单、成本低除污能力强、用途广泛、噪声低等优点，该设备由驱动装置、机架、耙齿（又称幕算）、清洗刷、链轮及电控机构组成。动力装置一般采用悬挂式蜗轮减速机或者摆线行星针轮减速机，用以驱动轮及链轮转动。耙齿系统由无数带钩的链节构成，覆盖整个迎水面，形成独特的结构格栅。回转式格栅除污机在链轮的驱动下，以约 2m/min 的线速度进行回转运动。耙齿链的下部浸没在过水槽中，运动时，无数链节上的小钩（耙齿）在迎水面将水中的杂物分离开来勾出水面。携带杂物的耙因运转到格栅除污机的上部时，由于链轮及弯轨的导向作用，每组耙齿之间产生相对运动，钩尖转为向下，大部分固体栅渣靠自重落在皮带输送机上，另一部分粘在耙齿上的杂物则依靠清洗机构的橡胶刷反向运动洗刷干净。

（5）链条式格栅除污机。链条式格栅除污机由载有特殊耙齿所组成的回转栅链、减速机驱动传动装置、反转清洗刷及电气控制箱等部分组成。各个特殊形的耙齿，在横轴上连接成耙齿链，耙齿间按要求形成一定间隙的栅缝。耙齿链随机体下部沉浸于原进水口的沟渠中，水流流经耙齿链栅隙时，对水体中的污物进行截留，把齿链在机体上部的减速驱动、传动机构的作用下，绕一定方向缓慢恒速移动，将所截留物提出水面，液体从耙齿栅隙中顺利通过，进入下一道处理工序。链条式格栅除污机适用于深度不大的池体，是一种中小型格栅，主要清除长纤维、带状物等。

2. 格栅除污机的运行管理

（1）过栅流速的控制。合理控制过栅流速，能够使格栅最大限度地发挥拦截作用，保持最高的拦污效率。污水过栅越缓慢，拦污效果越好。栅前流速 $v_1=Q/BH_1$，格栅台数一般按最大处理流量设置，可利用投入工作的格栅台数控制过栅流速。

（2）栅渣的清除。及时清除栅渣，也是保证过栅流速在合理范围内的重要措施。

（3）定期检查渠道的沉砂情况。

（4）卫生与安全。格栅间应采用强制通风措施，既有益于值班人员的身体健康，又能减轻硫化氢对设备的腐蚀；清除的栅渣应及时运走处理，防止腐败产生恶臭。

（5）分析测量与记录。

（五）除砂与砂水分离设备

除去水中的无机砂粒是污水处理的一道重要工序，它可以减少污泥中所含砂粒对污泥泵、管道破碎机、污泥阀门及脱水机的磨损，最大限度地减少砂粒特别是较粗砂粒在渠道、管道及消化池中的沉积。

除砂机的种类很多。20世纪80年代以前，采用抓斗式或链斗式，利用链条刮板从池底集砂沟中收集沉砂，并通过抓斗将收集的沉砂装车运走。20世纪80年代以来，开始出现了新型的除砂手段，即用安装在往复行走的桥车上的泵，抽出池底的砂水混合物，再用旋流式砂水分离器或者水力旋流器加螺旋洗砂机将砂与水分开，完成除砂、砂水分离、装车等工序。

1. 抓斗式除砂机

抓斗式除砂机的工作方式是：当沉砂池底积累了一部分砂子后，操作人员将大车开到某一位置，用抓斗深入池底砂沟中抓取池底的沉砂，提出水面，并将抓斗升到除砂池或者砂斗上方卸掉砂子。

2. 链斗式除砂机

链斗式除砂机又称为多斗式除砂机，在污水处理厂采用比较普遍。链斗式除砂机的主链运行速度应以不使沉砂上浮为首要条件，换言之，就是在最大流量时也有足够的提砂能力。现在的商品除砂机主链的运行速度为3m/min左右，使用这种速度一般只在暴雨季节时为连续运转，而在平时原则上为间隙运转。操作人员经过一段时间的运转与观察方可定出间隙运转的时间。

沉砂池中如有较长时间泥沙的沉积，开动设备时一定要注意观察。如发现超负荷运转时应立即停机。链斗式除砂机由于在污水中运转，各部分特别是链条极易生锈，如果长期停用，为防止生锈也要每月开动2～3次，每次30min，以保证链节的转动灵活。主链条在运转一段时间后会因销磨损而伸长，此时因调整紧张装置，如紧张装置在水下，应将池水排空后进行调整。

各驱动轴与从动轴，翻露出水面的应每月加一次润滑油脂；加油脂时应通过加入的新油脂将旧的润滑脂排挤出。水下从动轴应尽量利用停水的机会加润滑脂。最好准备一套水下从动轴的备件，以便随时更换，减少停水停机维修时间。

3. 砂水分离设备

除砂机从池底抽出的混合物，其含水率多达97%～99%，还混有相当数量的有机污泥，这样的混合物运输、处理都相当困难，必须将无机砂粒与水及有机污泥分开，这就是污水处理的砂水分离及洗砂工序。常见的砂水分离设备有水力旋流器、螺旋式洗砂机及振动筛式砂水分离器，下面着重分析水力旋流器和螺旋式洗砂机。

（1）水力旋流器。水力旋流器又称螺旋式砂水分离器。入流管从圆筒上部切线方向进入圆筒；溢流管从顶盖中心引出，锥体的下尖部连有排砂管。

（2）螺旋式洗砂机。螺旋式洗砂机又称螺旋式砂水分离器，作用有两个：一是进一步完成砂水分离及砂与有机污泥的分离；二是将分离的干砂装上运输车。

第四节　工业废水处理的工艺设计

一、工业废水处理的工艺选择

工业废水种类繁多，水量与水质变化很大。即使是同类型的企业，由于生产所选用的原材料及生产工艺不同，也会造成工业废水排放的水量与水质不同。所以，工业废水处理方案的选择应有针对性，只有针对实际工业废水的水质水量与主要污染物组分，通过现场调研与技术路线可行性实验，才能提出科学、合理的废水处理工艺和方案。在整个废水处理流程中，所有处理单元都有它们自己的位置，废水处理单元的选择或过程的结合，取决于以下方面：

第一，废水的特征。需要考虑污染物形态，即悬浮的、胶体的或溶解性的；生物可降解性；有机和无机化合物的毒性。

第二，要求的出水水质。根据国家或地方对污染物规定的排放标准，来确定处理程度，同时还要考虑随着社会发展对污染物标准的提高。

第三，废水处理的成本和土地资源的利用。一个或多个处理方法的结合，能够获得所要求的出水水质。然而，这些方法中必有一个是费用效益分析最优的。因此，在最终工艺设计选择前，必须进行详细的费用－效益分析。

为了明确废水处理中的问题，应对其进行进行初步的分析，如图 2-1 所示。

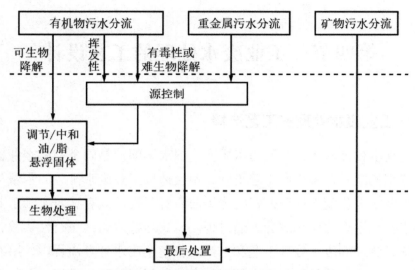

图 2-1　高浓度有机物和有毒工业废水处理和管理概念图

　　需要注意的是，无毒有机废水处理过程的设计参数，可以通过实验室或同行业类比获得，如纸浆造纸废水或食品加工废水。对于含有有毒或难生物降解的复杂废水，就有必要对已有的工艺进行筛选，以得到可行的处理工艺。

　　另外，如含有重金属的废水，可通过化学沉淀来去除；含有挥发性有机物的废水，可用吹脱或汽提来去除。

　　如图 2-2 所示，是对一个平衡样品进行预处理分析的过程图。首先对工厂里所有有影响的化合物的废水流进行评估；其次明确废水是可生物降解还是在一定浓度下对生物具有毒性的，间歇反应器（FBR）方法是专门为此目的而应用的。如果废水是难以生物降解或有生物毒性的，应当考虑进行源处理或改造厂内生产工艺。源处理技术如图 2-3 所示。

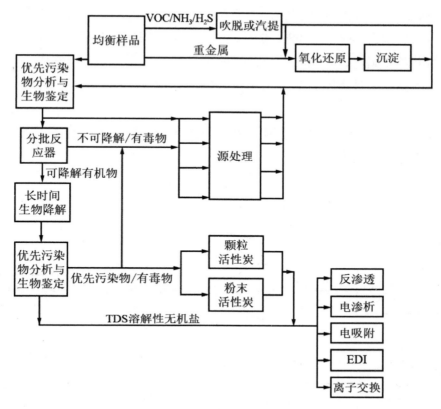

图 2-2 筛选实验步骤

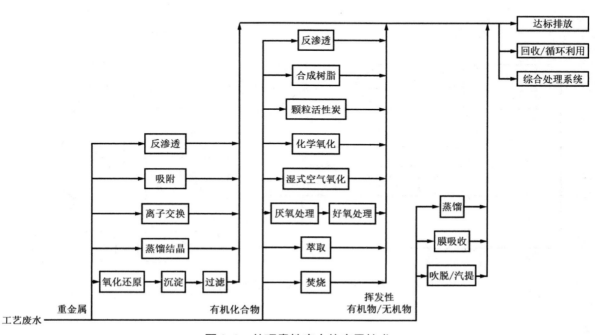

图 2-3 处理毒性废水的应用技术

◎双碳背景下工业废水处理技术研究

如果废水是可生物降解的，为了去除所有可降解的有机物，需要进行长时间的生物降解，通常用48h。然后，对出水中有毒物质和优先污染物进行评估。如果需要硝化，要引入硝化速率分析。经评估后，如果废水中有毒物质或优先污染物未被去除，需要考虑对源进行处理或应用GAC/PAC吸附等三级处理。

当考虑采用生物处理工艺时，可用图2-4所示程序进行筛选，以确定最经济有效的处理工艺。

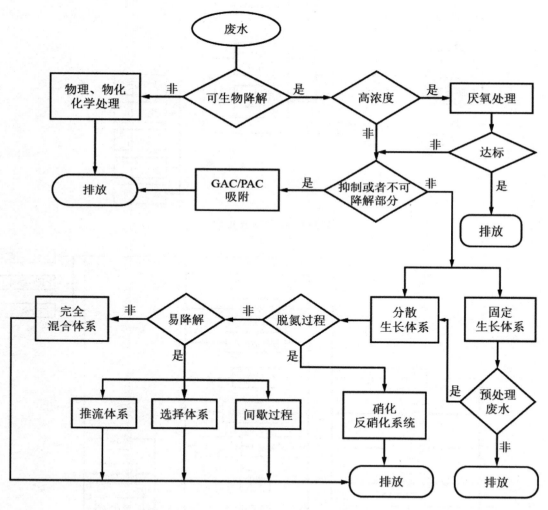

图 2-4　生物处理工艺选择流程

二、工业废水处理的方案设计

（一）工业废水处理方案设计的内容

工业废水处理方案的设计取决于废水来水特征和最终处理程度。废水的最终处理程度主要取决于废水中污染物特征（如环境容量大小和特点），处理后水的排放途径（如再生回用、进入城市污水管网、进入不同环境功能的水域等）。各种受纳水体对处理后排水的要求不尽相同（如不同水源地、不同地表水现状等）。因此，工业废水处理方案设计的原则是实现处理后的排水达到规定标准，同时还应注意以下问题：

第一，自然条件。当地的地形、地质、气候等自然条件，对废水处理方案设计有影响。例如，地下水位高，地质条件差的地方，不宜选用深度大、施工难度高的处理构筑物，如当地气候寒冷，为在低温季节能正常运行，可考虑选用地下或半地下的处理构筑物，适当增加保温与加热措施，确保设计方案的可行性。

第二，社会条件。当地的社会条件如原材料、水资源与电力供应等也是方案设计考虑的因素。尤其在工业园区，应尽量利用当地的资源，最好"以废治废"，形成环境治理链。在经济发达、科技先进的地区，尽量采用自动化程度较高的工程技术；反之，在经济和科技较落后地区，尽量采用易于维修、管理的工艺，方便工人操作。

第三，废水水量水质波动。对于水量水质变化较大的废水，要求考虑选用耐冲击负荷能力强的工艺流程，或设立调节池等缓冲设备以减少不利影响。

第四，工程建设及运行费用。在工业废水处理达标的前提下，处理方案应考虑工程建设及运行费用较低的工艺流程。此外，减少占地面积也是降低费用的一项重要措施。

第五，设施操作方便。所有的废水处理设施都离不开人的操作管理，操作不当，会直接影响处理效果。因此，方案设计时应尽可能选择易于操作、管理和维护的工艺路线与设备。

（二）工业废水处理方案设计的优化

第一，技术路线可行性实验。许多工业废水，特别是化工类型的废水，污染物种类和浓度差异很大。即使是单一的工业废水，如印染废水、电镀废水、造纸废水、制革废水等，工业废水中污染物的组成与类别也未必相似，绝不能完全套用同一种技术路线。技术路线可行性实验，其目的在于通过小型工艺路线实验，验证所设计技术路线的可行性，提供工艺设计必需的参数，预见工程实施时的处理效果与技术难点，优化工业废水处理的初步方案。

第二，最佳工艺条件的确定。通过技术路线可行性实验研究选定的技术路线还需进行最佳工艺条件的实验研究。一般可以采用单因素法与正交试验法确定最佳工艺参数。所得的最佳工艺参数必须经重现性实验，才能最后确定为最佳工艺条件。如果影响因素复杂，难以立即着手正交试验，则可以通过单因素法试验，找出最佳工艺条件。

第三，药剂选择。工业废水处理中，通常要使用药剂，如混凝剂、吸附剂、氧化剂、还原剂、沉淀剂等。针对不同的处理对象，要选择经济、有效的药剂。

第四，设备的选用。不同种类、浓度的废水选择同类设备（如气浮、吹脱、萃取等）时，备参数也大不相同。例如，对于低浓度大粒度 SS 的废水，选择气浮设备时，可选设备简单、操作简便的射流气浮装置。对于亲水性染料、农药、表面活性剂物质、脂肪类、植物油等废水，则选择电解气浮装置的效果较好。

第五，多方案的技术、经济比较。工业废水处理要进行多方案的技术、经济比较，力求处理方案在技术上先进、可行，经济上合理。近年来，废水处理技术得到了快速的发展，新技术、新工艺、新材料、新设备不断问世，工业废水处理工艺不断创新。既降低了治理成本，又实现了资源回收，取得了较好的社会效益、经济效益和环境效益。

第三章　双碳背景下工业废水中的
污染物及其处理技术

第一节　无机污染物及其处理技术

一、汞及其处理技术

（一）汞的基本性质

汞俗称水银，在地球的十大污染物中位居首位。在排放标准中，总汞浓度不高于 0.05mg/L，烷基汞不得检出。在重金属污染物中，汞作为一种特殊的、毒性极强的金属元素备受关注。汞的元素丰度在地壳中占第 63 位（80μg/kg），在海洋中居第 40 位（0.15μg/L），所以汞在各圈层中的储量及在各圈层间迁移通量都较小。

1. 汞的物理性质

汞为银白色液态金属，常称为"水银"，是自然界在常温下呈液态存在的唯一金属，且流动性好，密度是所有液体中最重的。另外，金属汞不溶于水及有机溶剂，在水中饱和浓度为 0.02mg/L。汞几乎能与所有的普通金属形成合金，包括金和银，但不包括铁，这些合金统称汞合金（或汞齐）。铊在汞中的溶解度最大，18℃时为 42.8%，铁的溶解度最小，为 1×10^{-17}%，所以可用铁器盛汞。汞在常温下易挥发，在 0℃以下即可蒸发超过卫生标准，其蒸发量与温度升高成正比。汞蒸气比空气重 6.9 倍，多沉积于作业处下部，易被吸入。

2. 汞的化学性质

汞在周期表中处于ⅡB族。汞的化学性质、地球化学性质与镉比较相近，但与锌比却有较大差异。汞的化学性质较稳定，汞在自然界中以游离态或化合态（辰砂HgS）存在。游离态的汞称为自然汞，是由辰砂氧化而成的。汞（Hg^+）的标准电位为$^+0.86V$，电化当量为7.483g/（A·h），化学性质较稳定，不容易受到氧化和腐蚀。汞能与硫生成HgS（辰砂），与氯生成$HgCl_2$（升汞）和Hg_2Cl_2（甘汞）。汞的金属活跃性低于锌和镉，且不能从酸溶液中置换出氢。一般汞化合物的化合价是+1或+2、+3价的汞化物很少有。

在与同族元素比较中，汞的特异性表现在：①氧化还原电位较高，易呈金属状态；②汞及其化合物具有较大挥发性；③能以一价形态（Hg_2Cl_2）存在；④单质汞是金属元素中唯一在常温下呈液态的金属（m.p. = −38.9℃），具有很大流动性和溶解多种金属而形成汞齐的能力（如钠、钾、金、银、锌、镉、锡、铅等都易与汞生成汞齐）；⑤与相应的锌化合物相比，汞化合物具有较强共价性，且由于其较强的挥发性和流动性，它们在自然环境或生物体间有较大的迁移和分配能力。

3. 常见的汞化合物及其性质

（1）汞齐，又称汞合金。汞溶解其他金属形成的合金；汞量多时为液态，汞量少时为固体。有广泛用途，如钠汞齐用作还原剂、锌汞齐制电池、银汞齐补牙、锡汞齐制镜。

（2）氧化汞，HgO，相对分子质量216.59；俗名三仙丹、水银、火硝（结晶）、明矾，有两种变体，红色晶体粉末，黄色晶体粉末；难溶于水；加热至500℃分解为汞和氧气；溶于盐酸生成氯化汞，溶于硝酸生成硝酸汞；有毒；有氧化性；用作氧化剂、分析试剂、医药制剂、陶瓷颜料、制有机汞化合物。汞和氧加热至300℃左右化合，或将硝酸汞徐徐加热可得红色氧化汞。将氢氧化钠或碳酸钠跟汞盐溶液反应得黄色氧化汞。

（3）氯化汞，俗称升汞，$HgCl_2$，相对分子质量271.50；无色晶体；密度5.44g/cm³，熔点276℃，沸点302℃，溶于水，腐蚀性极强的剧毒物品；水溶液在空气和光的作用下逐渐分解为氯化亚汞、盐酸和氧；有腐蚀性；用作消毒剂、防腐剂、催化剂，也用于医药领域。

（4）硝酸汞，Hg（NO_3）$_2$·0.5H_2O，相对分子质量333.61；淡黄色晶体，有毒，密度4.39g/cm³，熔点79℃；易潮解，易溶于水；有氧化性；徐徐加热生成氧化汞，强热时生成汞、二氧化氮和氧气；用于分析试剂及制药领域。

（5）碘化汞，HgI_2，危险标记 13（剧毒品），用于医药、化学试剂领域；如吸入、口服或经皮肤吸收可致死；对眼睛、呼吸道黏膜和皮肤有强烈刺激性；汞及其化合物主要引起中枢神经系统损害及口腔炎，高浓度引起肾损害。

（6）朱砂，天然产的硫化汞的俗称，呈红褐色。

（7）氯化亚汞，Hg_2Cl_2，因略带甜味俗称甘汞，相对分子质量 472.09；白色正方或四方晶体；密度 $7.15g/cm^3$，熔点 303℃，沸点 384℃；不溶于水和乙醇；溶于浓硝酸、沸腾的盐酸、氯化铵和碱溶液，生成汞和氯化汞；在光照下分解生成汞、氯化汞而逐渐变黑；用作杀菌剂，也用于焰火制造及制作甘汞电极；由硝酸亚汞溶液与氯化钠溶液混合制得。

（8）雷汞，$Hg(ONC)_2$，又称雷酸汞。相对分子质量 284.62；白色或灰色结晶粉末；密度 $4.2g/cm^3$，微溶于冷水，溶于热水和乙醇；有毒；加热或干燥时受轻微振动即爆炸；是常用的炸药起爆药；由硝酸汞与乙醇在过量硝酸中反应制得。

（二）水体中汞污染物的来源

汞在天然水中的浓度为 0.03 ～ 2.8μg/L。水中汞污染物的来源可追溯到含汞矿物的开采、冶炼、各种汞化合物的生产和应用领域。因此，在冶金、化工、化学制药、仪表制造、电气、纺织、鞣革、炸药等工业的含汞生产废水都可能是环境水体中汞的污染源。值得注意的是，氯碱工业中由水银电极电解工段中排出的水中汞含量较高。

（三）含汞废水的处理技术

对含汞废水有很多种可供选择的处理技术，这些技术的有效性和经济性取决于汞在废水中的化学形态、初始浓度、其他组分的性质和含量、处理深度等因素。常用的处理技术有离子交换法、沉淀法、吸附法、混凝法以及将离子态汞还原为元素态后再过滤的方法。其中，离子交换法、铁盐或铝盐混凝法和活性炭吸附法都可使废水中含汞量降到小于 0.01mg/L 水平；硫化法沉淀配以混凝法可使废水含汞量达到 0.01 ～ 0.02mg/L 水平；还原法一般只用于少量废水处理，最终流出液中含汞量可实现相当低的水平。

1. 离子交换法

离子交换法通常是在废水中通入氯气，使元素态 Hg 氧化为离子态。

此后，加入氯化物，使汞进一步转化为配合阴离子状态，再用阴离子交换树脂除之。由于氯碱制造工业废水中含 Cl⁻ 浓度相当高，汞污染物很适宜用这种方法去除。如果废水中含 Cl⁻ 量不高，则可应用阳离子交换树脂。还有一些带—SH 的聚巯基苯乙烯类树脂对从废水中除去汞离子有特别强的专一性。

无论采用阳离子交换树脂还是阴离子交换树脂，交换后流出液中无机汞的含量一般不会低于 $1 \sim 5\mu g/L$。一般在中性或微酸性介质条件下，采取二级交换可得到最佳结果。至于对废水中有机汞污染物的处理，只有乙酸甲基汞的离子交换研究进行得较多。所使用的树脂有 DowexA-1 螯合型树脂、国产大孔巯基树脂等。

2. 沉淀法

沉淀法中以加入硫化物生成 HgS 沉淀为最常用的方法，这种方法还常与重力沉降、过滤或浮上等分离法联用。后续操作只能加速相分离，不能提高除汞效率。在碱性 pH 条件下，对原始含汞浓度相当高的废水，用硫化物沉淀法可达到高于 99.9% 的去除率，但流出液中最低含汞量不能降到 $10 \sim 20\mu g/L$ 以下。为减少药剂用量，可在接近中性条件下进行沉淀，仍具有较好的效果。沉淀法的缺点是：①硫化物用量较难控制，过量的 S^{2-} 能与 Hg^{2+} 生成可溶性配合物；②硫化物残渣仍有很大毒性，较难处置。

3. 吸附法

吸附法最常用的吸附剂是活性炭，其有效性取决于废水中汞的初始形态和浓度、吸附剂用量、处理时间等。增大吸附剂用量和增长吸附时间有利于提高对有机汞和无机汞的去除效率。一般有机汞的去除率优于无机汞。某些浓度颇高的含汞废水经活性炭吸附处理后，去除率可达 85% ~ 99%。但对于含汞浓度较低的废水，虽然处理后流出液中含汞水平相当低，但其去除百分数却很小。

除了以活性炭作吸附剂外，近年来还常用一些具有强螯合能力的天然高分子化合物来处理含汞废水，如用腐殖酸含量高的风化烟煤和造纸废液制成的吸附剂；又如用甲壳素（是甲壳类动物外壳中提取加工得到的聚氨基葡萄糖），经再加工制得的名为 Chitosan 的高分子化合物，也可作为含汞废水处理的吸附剂。

4. 混凝法

混凝法适用于从废水中除去无机汞，有时还能去除有机汞。常用的混凝剂有明矾、铁盐和石灰等。铁盐对去除废水中所含的无机汞有较好效果；对于甲基汞而言，铝盐和铁盐都不显效。混凝剂最大剂量为 100 ~ 150mg/L，继续提高剂量时，无助于除汞效率的提高。

5. 还原法

呈离子状态的无机汞化合物可通过还原的方法，将其转为金属汞形态，然后再用过滤或其他固液分离的方法予以分离，可采用的还原剂有 Al、Zn、$SnCl_2$、$NaBH_4$、N_2H_4 等。还原法的主要优点是最终可将汞回收，但当废水含汞初始浓度小于 100μg/L 时，就不能有效地使用还原法了。

二、镉及其处理技术

（一）镉及其化合物的性质

1. 镉的基本性质

在八大重金属污染物中，居于第二位的是镉。镉的元素丰度在地壳中占第 64 位（0.2mg/kg），在海洋中居第 22 位（11μg/L）。地球上的镉属于分散元素，其在各圈层中的储量及在各圈层间迁移通量都较小。镉是银白色有光泽的金属，质地柔软，抗腐蚀、耐磨，稍加热即易挥发，其蒸气可与空气中氧结合，生成氧化镉。一旦形成氧化镉保护层，其内层将不再被氧化。

镉在周期表中与锌、汞共处第 II 副族，氧化数为 +2 和 +1，Cd^{2+} 最稳定。Cd^+ 可生成 CdCl、CdOH 等少数化合物。金属镉易溶于稀硝酸，在热盐酸中渐渐溶解，在稀或冷的硫酸中不溶解，但溶于浓热硫酸。镉不像锌那样因显中性而能溶于碱水溶液，但可溶于 NH_4NO_3 溶液。挥发性化合物有 Cd（CH_3）$_2$ 等。在没有任何阴离子配位体（如 PO_4^{3-}、S^{2-}）存在下，当 pH < 8 时，水体中 Cd 仍全部呈 +2 价离子态，在 pH = 9 时开始水解，形成 Cd（OH）$^+$，在一般水体的 pH 范围内，不存在多羟基配位的镉水解产物。

2. 常见的镉化合物及其性质

镉及其化合物的化学性质近于锌而异于汞，与邻近的过渡金属元素相比，Cd^{2+} 属于较软的酸，在水溶液中与 NH_4^+、CN^-、Cl^- 等能生成配合离子。镉还易与许多含软配位原子（S、Se、N）的有机化合物组成中等稳定的配合物，特别能与含—SH 的氨基酸类配位体强烈螯合。常见的镉化合物有氧化镉（CdO），深棕色粉末，难溶于水；硫化镉（CdS），又名镉黄，为黄色结晶粉末，几乎不溶于水，其他还有氯化镉（$CdCl_2$）、硝酸镉、硫酸镉（$CdSO_4$）、醋酸镉等。

（1）镉合金，中子吸收元件的含有铟与镉的银基合金，以安放在管状外壳内的块状或棒状形式使用，以便构成用于控制压水核反应堆反应速度的棒束的中子吸收元件。

（2）氯化镉，$CdCl_2$。氯化镉易溶于水，也溶于乙醇和甲醇，其为毒害品，急性中毒：吸入可引起呼吸道刺激症状，可发生化学性肺炎、肺水肿；误食后可引起急剧的胃肠道刺激，出现恶心、呕吐、腹痛、腹泻、里急后重、全身乏力、肌肉疼痛和虚脱等症状，重者危及生命。慢性中毒：长期接触引起支气管炎，肺气肿，以肾小管病变为主的肾脏损害；重者可发生骨质疏松、骨质软化或慢性肾功能衰竭；可发生贫血、嗅觉减退或丧失等。氯化镉对环境有危害，对水体可造成污染，一般用于制造硫化镉、照相术、印染、电镀等工业，也可用于制作特殊镜子。

（3）氧化镉，CdO。氧化镉棕红色至棕黑色无定形粉末或立方晶系结晶体，无机工业用于制取各种镉盐；有机合成中用于制造催化剂；电镀工业用于配置镀铜的电镀液；电池工业用于制造蓄电池的电极；颜料工业用于制造镉颜料，应用于油漆、玻璃、搪瓷和陶器釉药中；冶金工业用于制造各种合金如硬钢合金、印刷合金等。

（4）硫化镉，CdS。硫化镉有两种变体：一种为橙红色粉末；另一种为淡黄色结晶或粉末，又称镉黄。硫化镉难溶于水、稀盐酸，溶于热稀硝酸和硫酸；作为颜料，广受艺术家的欢迎，并广泛用于塑料、绘图、橡胶、玻璃、涂料和荧光体中，但也曾发生过用镉黄制作的陶瓷器烹调食品而中毒的事例。硫化镉、硒化镉和硫酸钡组成的红色颜料，具有优良的耐光、耐热、耐碱性能，而耐酸性能较差，用作绘画颜料，也用于涂料、搪瓷等工业。硫化镉由硫酸镉溶液与硫化钡在硒的存在下共沉淀而成。

（5）硫酸镉，$CdSO_4$。在25℃时每100克水能溶解77.2克硫酸镉，温度变化对溶解度影响不大，故可用于制备标准电池。硫酸镉可供制镉电池和镉肥，并可用作消毒剂和收敛剂。

（6）硝酸镉，$Cd(NO_3) \cdot 2.4H_2O$。硝酸镉用于制瓷器和玻璃上色。

（7）醋酸镉，$C_2H_6CdO_4 \cdot 2H_2O$。醋酸镉能使陶瓷器发出珍珠光泽，可用于镀镉、织物印染、制陶瓷彩釉及卤化镉，并可用作化学试剂等。

（8）硒化镉，Cd_4Se。硒化镉是无机剧毒品，不溶于水，用于电子发射器和光谱分析、光导体、半导体、光敏元件中。

（9）硬脂酸镉，$(C_{17}H_{35}COO)_2Cd$。硬脂酸镉可以作为稳定剂来防止塑料被氧化和紫外线退化，具有长期耐热稳定性、耐候性好、优良的润滑性、透明性好、初期着色性小等优点；为聚氯乙烯的耐热、耐光、透明性的热稳定剂，与钡盐、有机锡稳定剂、环氧化合物和亚磷酸酯并用，有优良的协同作用；主要用作软质透明 PVC 塑胶制品，如人造革、薄板、软管、透明薄膜、透明珠光鞋、PVC 塑胶、雨鞋、透明硬片等。

（二）水体中镉污染物来源

镉本身是一种丰度次于汞的稀有金属，在自然界中主要存在于锌、铜和铅矿内，但在人类活动的参与下，将地下岩石圈中含镉的矿物开发利用，又将大量废弃物向环境中排放，从而引起环境的变化，这种状况就称为镉污染。国家污水综合排放标准规定 Cd^{2+} 浓度须低于 0.1mg/L。镉广泛应用于电镀、化工、电子和核等工业领域。镉是炼锌业的副产品，主要用在电池和染料领域，并可用作塑胶稳定剂，比其他重金属更容易被农作物吸附。相当数量的镉通过废气、废水、废渣排入环境，造成污染。污染源主要是铅锌矿，以及有色金属冶炼、电镀和用镉化合物作原料或催化剂的工厂。污染主要是由铅锌矿的选矿废水和有关工业（电镀、碱性电池等）废水排入地面水或渗入地下水引起的。

水体中镉的污染主要来自地表径流和工业废水。硫铁矿石制取硫酸和由磷矿石制取磷肥时排出的废水中含镉较高，每升废水含镉可达数十至数百微克，大气中的铅锌矿以及有色金属冶炼、燃烧、塑料制品的焚烧形成的镉颗粒都可能进入水中；用镉作原料的催化剂、颜料、塑胶稳定剂、合成橡胶硫化剂、抗生素等排放的镉也会对水体造成污染，在城市中，往往由于容器和管道的污染使饮用水中镉含量增加。

工业上大部分的镉都用于电镀、颜料、塑胶稳定剂、合金及电池行业，小部分的镉大部分用于电视、电脑等显像管荧光粉、高尔夫球场抗生素、橡胶改良剂和原子核反应堆保护层及控制棒的制造等（镉是一种吸收中子的优良金属，制成钢与镉的银基合金棒条可在原子反应炉内减缓核子连锁反应速率，控制棒在反应堆中起补偿和调节中子反应性以及紧急停堆的作用）。

镉及其各种化合物应用广泛，主要包含以下方面：①电镀工业，工业上镉主要用于电镀，镉电镀可为基本金属（如铁、钢）提供一种抗腐蚀性的保护层，氰化镉具有良好的吸附性且可以使镀层均匀光洁，成为一种通用的电镀液；②用作塑胶稳定剂；③颜料工业，制作镉黄、镉红颜料；④电池和电子器件；⑤合金。

未污染河水和污染河水的镉浓度分别为低于 0.001mg/L 以及 0.002 ～ 0.2mg/L，海水中镉浓度平均约为 0.11μg/L，海洋沉积物中一般为 0.12 ～ 0.98mg/kg，而锰结核中为 5.1 ～ 8.4mg/kg。

锌、镉金属冶炼中的排出废水是另一重大水体污染源，废水中主要含有 $CdSO_4$。镉冶炼中以干法炼锌工程的中间产物烟灰作原料，经硫酸溶解后除去料液中铁、铅、锌、铜等，随后用锌板或锌粉将镉置换析出，析出的海绵状镉再溶解并进一步净化后作电解精炼。水洗工段排出的废水中的镉主要来源于沾在电解极板上的电解液以及管路、泵中泄漏出来的料液等。

（三）含镉废水的处理技术

1. 物理与化学法

（1）化学沉淀法。化学沉淀法在含镉废水的处理中应用较多，特别适用于镉离子浓度较高的水体中镉的去除。依据沉淀剂的不同，化学沉淀法主要包含以下方面：

第一，氢氧化物沉淀法。氢氧根离子与镉离子结合可产生氢氧化镉沉淀。含镉废水的氢氧化物沉淀法大多是采用价廉高效的石灰中和沉淀法，该法 pH 的控制非常关键。氢氧化物沉淀法主要包括：①采用底泥回流、石灰中和、提高 pH 的方法处理硫酸生产过程中含镉、砷废水，当 pH ＝ 10 时，镉的去除率可达 99.25%；②采用调节—混凝—沉淀—过滤工艺处理电池生产过程中产生的高 pH 镍、镉废水。采用强阴离子型聚丙烯酰胺作混凝剂、氢氧化钠或氢氧化钙作 pH 调节剂，当 pH ＞ 10 时，可直接从废水中沉淀除去镍、镉，具有较高的经济性和可操作性；③采用泥浆循环—消石灰中和提高 pH 的方法对冶炼厂废酸废水中镉的去除进行研究，控制一次中和槽 pH ＝ 9 ～ 10，适当提高二次中和槽的 pH 可达到较高的镉去除率；④采用高 pH 控制中和混凝法对冶炼制酸高镉废水进行处理，一次中和反应的 pH 控制在 12h，镉去除效果最佳；⑤用氢氧化物沉淀法对铜、镉盐废水的处理进行初步尝试，镉去除率良好。

第二，碳酸镉沉淀法。碳酸镉的溶度积为 5.2×10^{-12}，为难溶于水的化合物。例如，颜料工业废水中镉的含量为 40mg/L 时，利用工艺过程漂洗水中的

Na_2CO_3 和 NaOH 为沉淀剂，不加其他的沉淀剂，控制 pH 为 8 ~ 9，自然沉降 6 ~ 8h，出水 Cd^{2+} 的浓度低于 0.1mg/L，实现镉的沉淀，达到固液分离的目的。

第三，硫化镉沉淀法。硫化镉溶度积为 $3.6×10^{-29}$，属难溶硫化物。根据溶度积原理，向含镉废水中加入硫化钠等，使硫离子与游离态的镉离子反应结合，生成难溶的硫化镉沉淀，镉的去除率一般可到 99% 以上。该法与其他方法联用效果较好。

第四，磷酸镉沉淀法。磷酸镉的比硫化镉的溶度积小，理论上 $Cd_3(PO_4)_2$ 的沉淀效果要比 CdS 好。可以利用 Na_3PO_4、Na_2S 和 NaOH 作沉淀剂对电镀镉废水的处理进行工艺对比实验，用 Na_3PO_4 沉淀法处理电镀镉废水效果最明显，处理后废水中镉的质量浓度低于 0.008mg/L，达到国家排放标准。以磷矿石代替 Na_3PO_4 来处理电镀镉废水将降低处理成本，处理产生的 $Cd_3(PO_4)_2$ 还可以作为一种好的建筑材料得到二次利用，有好的应用前景。

第五，综合沉淀法。综合沉淀法就是将多种化学沉淀法结合起来，分步除去废水中的镉。利用综合沉淀法处理锌、镉废水，用硫化物沉淀法进行废水的一级处理，石灰乳沉淀法进行二级处理，处理后的废水达到国家排放标准。也可以向含镉废水中先加入硫化钠，使镉沉淀出来，然后加入聚合硫酸铁，生成硫化铁和氢氧化铁，利用它们的凝聚和共沉淀作用，既强化硫化镉的沉淀分离过程，又能够清除水中多余的硫离子。利用综合沉淀法处理含镉废水，水质可达国家污水综合排放一级标准，其中 Cd^{2+} 浓度低于 0.1mg/L。魏星做了类似的实验，镉去除率在 99.5% 以上。

总而言之，化学沉淀法虽然具有工艺简单、操作方便、经济实用等诸多优点，但其沉淀渣难以处理，会造成二次污染，很难达到绿色环保的要求。

（2）电解法。电解法作为一种强的氧化技术，一般适用于镉含量大的废水处理。电镀废水中一般均含有大量的 CN^-，用电解法处理氰化镀镉废水时，可采用铂族氧化物或 PbO_2 作阳极，以破坏氰化物，然后将镉离子在 pH = 11 的条件下絮凝、沉淀、过滤。处理后废水中镉离子含量低于 0.02mg/L，CN^- 含量低于 0.01mg/L，镉的回收率可达 99.9%。通过对膨胀石墨流态化电极处理酸性含镉废水进行研究。处理后 Cd^{2+} 浓度可降至 10mg/L 以下，结果虽未能达到国家规定的排放标准（0.1mg/L），但从镉的回收方面而言还是有效的。

（3）漂白粉氧化法。漂白粉氧化法适用于处理氰法镀镉工厂的含氰、镉的废水，这种废水的主要成分是 $[Cd(CN)_4]^{2-}$、Cd^{2+}、CN^-，这些离子都有很大的毒性。用漂白粉氧化法既可除去 Cd^{2+}，同时也可以将 CN^- 氧化除去。

漂白粉氧化法处理废水的主要反应过程为：漂白粉水解生成 $Ca(OH)_2$ 和 $HOCl$，OPT 与 Cd^{2+} 结合生成 $Cd(OH)_2$ 沉淀，同时由于生成的 $HOCl$ 具有强的氧化性，可以将 CN^- 氧化成 CO_3^{2-} 和 N_2，所以一定程度上促进了 $[Cd(CN)_4]^{2-}$ 的离解，最后 CCT 与 Cd^{2+} 在碱性条件下生成 $CdCO_3$ 沉淀。漂白粉氧化法处理效果好，但适用范围比较窄，仅适用于含氰、镉的电镀废水。

（4）铁氧体共沉淀法。铁氧体共沉淀法分为氧化法和中和法两种。将 $FeSO_4$ 加入含镉的废水中，用 $NaOH$ 调节溶液的 pH 到 9 ~ 10，加热并通入压缩空气进行氧化，从而形成铁氧体晶体，此为氧化法；将二价和三价的铁盐加入待处理的废水中，用碱中和到适宜的条件而形成铁氧体晶体，此为中和法。镉离子进入铁氧体晶格中，在其沉淀作用下从溶液相进入固相。用铁氧体法处理含铬和镉的废水，在适宜的操作条件下能够得到磁性较强的铁氧体，同时处理后的废水中镉含量降至 0.041mg/L，达到国家排放标准。铁氧体共沉淀法净化的废水中 Cd^{2+} 的浓度由净化前的 0.412mg/L 降至 0.0002mg/L。且由于磁流体具有一定的磁性能，与其他净化废水的方法相比最大的优点是无废渣产生，避免了二次污染，且能在常温下进行。该法面临的最主要的问题是含镉铁氧体固体如何解决。

（5）吸附法。吸附法是利用多孔性固体物质，使废水中的 Cd^{2+} 吸附在固体吸附剂表面而除去的一种方法。近年来，围绕低廉而高效的镉吸附剂的开发，人们做了大量的工作，也取得了一定成果。可用于废水除镉的吸附剂有活性炭、矿渣、硅藻土、沸石、氢氧化镁、壳聚糖、改性甲壳素、无定形氢氧化铁、催化裂化催化剂、合成羟基磷灰石、磷矿石、硅基磷酸盐、活性氧化铝、蛋壳、膨润土、改性聚丙烯腈纤维、海泡石、泥煤等。活性炭纤维对镉离子的吸附为单分子层吸附，容易进行，且吸附效果良好。利用低成本的黏土矿物吸附水中的镉离子，溶液的 pH 越大，越有利于吸附；吸附剂的粒径越小，吸附效果越好；离子强度对吸附过程的影响很小。

（6）离子交换法。离子交换法选择性地去除废水中的镉离子，因其操作工艺简单、易于再生、除杂效果好等优点已广泛应用于工业废水处理。镉离子选择性树脂种类繁多，用其处理后的废水中镉离子的含量可达 μg/L 级。强酸性阳离子交换剂 KY-Z 净化含镉 20 ~ 70mg/L 的废水时，在 pH 为 6 时，除镉率达 99%。

（7）金属粉还原法。利用比镉活泼的金属，如铁、锌、镁、铝等作还原剂将镉从废水体系中还原出来，从而达到分离去除镉的目的。可以用锌粉作还原剂，以 As_2O_3 作加速剂，在振荡反应器中处理了含镉废水，在含镉离子 250mg/L 的废水中，加入 $As_2O_3$80mg/L 和 Zn11g/L，在 pH 为 5.5 时，振荡反应 55s，则废水中残留的镉可达 0.05mg/L。金属粉还原法处理含单一成分的高浓度含镉废水效果好，但脱镉不完全且原材料成本相对过高。

（8）膜分离法。膜分离技术是一项新兴的流体处理工艺，具有高效、节能、无二次污染等优点。膜分离法作为一种新型隔膜分离技术在废水深度处理、饮用水精制和海水淡化等领域受到重视，并已在工程实践中使用。在处理含重金属离子的废水时，可选用不同的载体，一般处理含镉废水时，需要在液膜中加入氯化甲基三辛胺。经过膜分离技术处理的废水，可以实现重金属的零排放或微排放，使生产成本降低。膜分离法处理含镉废水具有污染物去除率高、工艺简单等优点，但膜组件的设计困难，且膜易被污染堵塞，投资高等都限制了膜法的应用。

（9）浮选法。浮选法是一种废水处理新技术，分为溶气浮选法、电解浮选法、离子浮选法等多种浮选技术，它在废水处理领域有着广泛的应用。向含镉废水中加入硫化钠，将镉转化为硫化镉沉淀，然后加入捕捉剂十二烷胺醋酸酯，采用气泡上浮方法分离，对含镉为 5mg/L 的废水能够达到 99% 的去除率。采用胶体吸附泡沫分离新技术，对脱除废水中的镉进行研究，在适宜的工艺条件下，浮选后残液中 Cd^{2+} 的浓度低于 0.01mg/L。浮选法具有处理量大，成本低及操作方便等优点，但合适捕捉剂的优选较难。

2. 生物法

生物法与传统的物理、化学法相比，具有的优点主要包括运行费用低、操作pH及温度范围宽、高吸收率、高选择性。生物法的分类主要包含以下方面：

（1）植物修复技术。植物修复技术是利用植物去除水环境中的镉，降低水环境中的 Cd 污染。在引起环境污染的重金属中，灌木型柳树对 Cd 的吸收积累能力最为突出，利用柳树的速生、生物量高及适应性强等特点，栽培柳树实施短轮伐林对 Cd 污染土壤进行修复，已成为植物修复技术应用研究的热点之一。

（2）微生物强化法。微生物强化法就是在传统的生物处理体系中投加具有特定功能的微生物或某些基质，增强它对特定污染物的降解能力，从而改善整个污水处理体系的处理效果微生物强化法又可具体分为微生物的固定化和投菌活性污泥法。真菌比其他菌株对镉的固定能力强，且到达平衡的时间短。

投菌活性污泥法即将从自然界分离获得的强活力的菌种添加到活性污泥中，以活性污泥为载体，利用活性污泥自身的絮凝作用，培养出优势菌种并絮凝，从而达到驯化活性污泥进而降解污染物的目的。

随着人们对环境和健康的日益重视，寻求高效低成本的方法彻底地处理含镉废水，使其达到并低于排放的标准将是今后一段时间的研究重点。传统的物理、化学法在含镉废水的处理上应用十分广泛，但仍然存在着诸如处理成本高、二次污染等问题。微生物法作为一种最有前途的处理方法，不但具有高效、无二次污染等优点，而且处理费用低。自然界存在的菌种耐镉能力有限，仅能处理低镉废水，所以其实际应用存在局限性，而生物强化法特别是投菌活性污泥法将是一种很有前途的处理方法，其将在含镉废水的处理方面具有广阔的发展空间和实际效益。

第二节　有机污染物及其处理技术

有机污染物是指以碳水化合物、蛋白质、氨基酸以及脂肪等形式存在的天然有机物质及某些其他可生物降解的人工合成有机物质为组成的污染物。有机物的分类主要包含以下方面：

第一，挥发性有机物。沸点不高于100℃，或在25℃时，其蒸气压大于1mmHg的有机化合物，一般被视为挥发性有机物（VOCs）。挥发性有机物具有的环境风险主要包括：①一旦呈蒸气状态，其流动性很大，增加了释放于环境中的可能性；②某些具有毒性的VOCs进入空气，可能给公共卫生造成很大风险；③空气中的活化烃，可能导致形成光化学氧化剂。

第二，农药和农用化学药剂。农药、除草剂和其他一些农用化学药剂，对许多有机体都具有毒性，是地表水的主要污染源，这些化学药剂的来源，除了生产厂家排放外，主要来自农田、公园、高尔夫球场等绿地的地表径流。

第三，消毒副产物。通常情况下，当废水中含有三氯甲烷（THMs）、卤代乙酸类（HAAs）、三氯苯酚和醛类等，并与氯消毒剂接触时，会产生消毒副产物（DBPs），可能会对人体健康产生风险。在消毒出水中检测到 N- 亚硝基二甲胺（NDMA），而亚硝胺类化合物被认为是最强的致癌物。二甲基胺是某些水处理用的聚合物（如聚己二烯二甲基胺）和离子交换树脂的组成部分。紫外消毒替代氯消毒的依据之一即基于此。

一、含油废水及其处理技术

废水中的油从化学结构上分为链烷烃、环烷烃和芳香烃；从物理形态上可以划分为五种：①游离态。在静止时能迅速上升到液面，形成油膜；②机械分散态，直径从几微米到几毫米的细微油滴，由于受到电荷力或其他力而稳定分散，但未受表面活性剂的影响，形成乳浊液；③化学稳定的乳化油。油滴类似于机械分散态，但由于油—水界面受到表面活性剂的影响而具有高度的稳定性；④"溶解态"油，化学概念上真实溶解的油和极细微分散的油滴（直径小于 5nm），这种形态的油无法采用常规物理方法去除；⑤固体附着油。吸附于废水中固体颗粒表面的油。

（一）含油废水的主要来源

第一，含油废水的主要工业来源是石油工业。废水是在石油生产、精炼、贮存、运输，或在使用这种产品中产生的，如炼油厂产生大量的含油废水（包括乳化油），主要是油气和油品的冷凝分离水、洗涤水、反应生成水、机泵填料函冷却水、化验室排水、油罐切水、油槽车洗涤水、炼油设备洗涤水、地面冲洗水等。

第二，含油废水的次要来源是金属工业，主要是钢材制造和金属加工，其中既有游离态油，也有乳化油。在钢材制造业中，钢锭被热轧或冷轧成所需的形状，在热轧过程中的废水主要含有润滑油和液压油；冷轧前，钢锭须用油处理以便于润滑并除去铁锈（生锈的铁组件如果不能打开，一般采用煤油浸泡的方法即可除锈），在轧制时喷以油—水乳化液作为冷却剂，成型后须将钢材表面所黏附的油清除掉，因此，冷轧厂所产生的洗涤水和冷却水中含有较高浓度的油，其中 25% 为难以分离的乳化油。金属加工业产生的油性废水主要含研磨油、切削油及润滑油，同时在加工过程中，也需要用油—水乳化液作为冷却剂，最后进入生产废水中。

第三，含油废水的其他来源是食品加工，主要产生于畜、禽、鱼等的屠宰、清洗及副食品加工过程中。在毛纺业中，生产过程中也产生大量的含油废水，主要来自洗涤纤维（如羊毛）时所产生的废水。

（二）含油废水的处理技术

含油废水的处理技术是采用初级处理把浮油和水及乳化油分离，然后再采用二级处理技术破坏油—水乳液并分离剩余油。任何一种油水分离技术的处理效果，均与油在水中的形态和其他废水成分有关。

1. 含油废水的初级处理技术

初级处理技术是利用油脂与水之间相对密度差异而达到油水分离目的的技术，可去除废水中的浮油及大部分分散油，达到初步除油的目的，主要指重力除油。含油废水的初级处理技术主要包含以下方面：

（1）重力隔油池。隔油是利用油与水的相对密度的差异，分离去除水中悬浮状态的油类。重力隔油池是处理含油废水最常用的设备，对于石油炼厂废水而言，悬浮状态的浮油一般占废水中含油量的 60% ~ 80%，适合采用重力隔油池预处理，其处理过程通常是将含油废水置于池中进行油水重力分离，然后撇去废水表面的油脂。重力分离器的效率依赖于合理的水力设计及水力停留时间。停留时间越长，漂浮油与水的分离效果越好。由于这种处理技术不添加任何化学试剂，漂浮的油脂经过收集后可以回收，重复使用，有着较为可观的经济效益。如果成分复杂的油脂回收后不能重复使用，则一般进行填埋或焚烧处理。

如果有油脂黏附于可沉降固体的表面，采用重力沉降的方法即可明显地降低废水中油的浓度，如铸铁铸铜废水、冷轧热轧废水、油墨生产废水、皮革鞣制和抛光及涂料生产废水中的油，均可以在初沉池中得到较好的去除。

废水从池子的一端流入池子，以较低的水平流速（2 ~ 5mm/s）流经池子，流动过程中，密度小于水的油粒上升到水面，密度大于水的颗粒杂质沉于池底，水从池子的另一端流出。在隔油池的出水端设置集油管，集油管一般用直径 200 ~ 300mm 的钢管制成，沿长度在管壁的一侧开弧宽为 60° 或 90° 的槽口。集油管可以绕轴线转动。排油时将集油管的开槽方向转向水平面以下以收集浮油，并将浮油导出池外。为了能及时排油及排除底泥，在大型隔油池还应设置刮油刮泥机。刮油刮泥机的刮板移动速度一般应与池中流速相近，以减少对水流的影响。收集在排泥斗中的污泥由设在池底的排泥管借助静水压力排走。隔油池的池底构造与沉淀池相同。平流式隔油池表面一般设置盖板，除便于冬季保持浮渣的温度，从而保持它的流动性外，还可以防火与防雨。在寒冷地区还应在池内设置加温管，以便必要时加温。

平流式隔油池的特点是构造简单、便于运行管理、油水分离效果稳定。有资料表明，平流式隔油池可以去除的最小油滴直径为 100 ~ 150μm，相应的上升速度不高于 0.9mm/s。仅依靠油滴与水的密度差产生上浮而进行油、水分离，油的去除效率一般为 70% ~ 80%，隔油池的出水仍含有一定数量的乳化油和附着在悬浮固体上的油分，一般较难降到排放标准以下，需要二级处理工艺深度处理。一般是结合气浮，采用气浮法分离油、水，除油效果较好，出水中含油量一般可小于 20mg/L。

（2）粗粒化聚结器。粗粒化聚结属于物理化学法，通常设在重力除油工艺之前。粗粒化聚结器是利用粗粒化材料的聚结性能，使细小的油粒在其表面聚结成较大油粒，在浮力和水流冲击下，粒径增大的油粒脱离粗粒化材料表面而上浮。经过粗粒化处理后的污水，其含油量及原油性质并不发生改变，只是更有利于重力分离法除油。利用粗粒化聚结器可去除水中粒径在 10μm 以上的分散油和浮油。粗粒化聚结材料大致分为天然矿石和人工有机材料两类，目前应用较多的聚结材料有聚氨酯泡沫、聚丙烯泡沫、聚乙烯和聚氯乙烯以及不锈钢填料等。

（3）立式除油罐。立式除油罐均采用下向流方式，一般具有较大池深，这不仅可以提高除油效率，也是含油废水处理重力流程所需要的。立式除油罐能够提高除油效率，可基本去除水中的浮油和分散油。

2. 含油废水的二级处理技术

当油和水相混合，又有乳化剂存在，乳化剂会在油滴与水滴表面上形成一层稳定的薄膜，这时油和水就不会分层，而呈一种不透明的乳状液。当分散相是油滴时，称水包油乳状液；当分散相是水滴时，则称为油包水乳状液。乳状液的类型取决于乳化剂。与只包括重力分离和撇油工艺的初级处理不同，各种二级处理都是专门用于破坏初级处理后得到的油水乳状液，采用物理、化学、电解等方法进行破乳，并把破乳后的油从水相中分离出来。破乳的方法有多种，但基本原理一样，即破坏液滴界面上的稳定薄膜，使油、水得以分离。破乳途径主要包含以下方面：

（1）投加换型乳化剂。例如，氯化钙可以使钠皂为乳化剂的水包油乳状液转换为以钙皂为乳化剂的油包水乳状液。在转型过程中存在着一个由钠皂占优势转化为钙皂占优势的转化点，这时的乳状液非常不稳定，油、水可能形成分层。因此，控制"换型剂"的用量可达到破乳的目的，这一转化点用量应由实验确定。

（2）投加某种本身不能成为乳化剂的表面活性剂。例如异戊醇，从两相界面上挤掉乳化剂使其失去乳化作用。

（3）投加盐类、酸类，可使乳化剂失去乳化作用。

（4）过滤，如以粉末为乳化剂的乳状液，可以用过滤法拦截被固体粉末包围的油滴。

（5）搅拌、震荡、转动，通过剧烈地搅拌、震荡或转动，使乳化的液滴猛烈相碰撞而合并。

（6）改变温度改变乳化液的温度（加热或冷冻）来破坏乳状液的稳定。破乳方法的选择需以试验为依据。某些石油工业的含油废水，当废水温度升到 65 ~ 75℃时，可达到破乳的效果。相当多的乳状液，必须投加化学破乳剂才能破乳。目前所用的化学破乳剂通常是钙、镁、铁、铝的盐或无机酸。有的含油废水亦可用碱（NaOH）进行破乳。

3. 含油废水的生物处理技术

含油废水也可以采用氧化塘厌氧生化或其他生物处理方法处理。极性油脂（可溶于水形成溶解性油）可以被微生物降解，在出水中含量可降低至 2 ~ 8mg/L；非极性油（不溶于水的乳化油或较大的油滴）或者通过初级处理工艺采用物理方法去除，或者被微生物吸附，随剩余污泥一起排出。

在油类中，脂肪族链烃可以被很多好氧微生物降解，或者在厌氧的条件下直接脱氢；而能够利用脂环烃的微生物极少，而且活性较低，氧化能力差，因此，脂环烃一般不能作为微生物所利用的碳源。

二、含酚废水及其处理技术

酚类是指苯环或稠环上带有羟基的化合物。酚及其衍生物组成了有机化合物中的一个大类，包含在这个大类中的酚类化合物总数有数百种之多。按照苯环上所含羟基数目的多少，可分为一元酚（如苯酚）、二元酚和多元酚。按照其能否与水蒸气共沸而挥发，又分为挥发酚和不挥发酚。因此，酚类不仅指苯酚，而且还包括邻位和间位被羟基、卤素、芳基、烷基、硝基、亚硝基、羧基、醛基等取代的，以及对位被卤素、甲氧基、羧基、磺基等取代的酚化合物的总称，并以酚类的含量表示其浓度。

最简单的是苯酚 C_6H_5OH，俗称石碳酸，它的浓溶液对细菌有高度毒性，广泛用作杀菌剂、消毒剂。甲酚有三种异构体，比苯酚有更强杀菌能力，可用作木材防腐剂和家用消毒剂等。在用氯气氧化处理废水时，废水中的酚容易被次氯酸氯化生成氯酚，这种化合物具有强烈的刺激性气味，对饮用水的水质影响很大。天然水中的腐殖酸组分是一种多元酚，其分子能吸收一定波长的光量子，使水呈黄色，并降低水中生物的生产力。丹宁和木质素都是植物组织中的成分，也都是多酚化合物，分别在制革工业和造纸工业中经废水进入天然水系。

（一）含酚废水的主要来源

酚可从煤焦油中提取回收，但现在大量的酚是用合成方法制造的，它们又大量地普遍地用于木材加工和各类有机合成工业，所以天然水体中若含有大量的酚，就可能来自石油、炼焦、木材加工及化学合成（包括酚类本身、塑料、颜料、药物等合成）等工业的排放废水。除工业废水外，粪便和含氮有机物在分解过程中也产生酚类化合物，所以城市污水中的粪便物也是水体中酚污染物的主要来源，如人的尿液和粪便中含酸量可分别达（0.2 ～ 6.6）mg/[kg（体重）·d] 和 0.3mg/[kg（体重）·d]。

（二）含酚废水的处理技术

通常将质量浓度高于 500mg/L 的含酚废水，称为高浓度含酚废水，这种废水须回收酚后，再进行处理。质量浓度小于 500mg/L 的含酚废水，通常循环使用，将酚浓缩回收后处理。回收酚的方法有汽提吹脱法、溶剂萃取法、吸附法、封闭循环法等。含酚质量浓度在 500mg/L 以下的废水可用生物氧化、化学氧化、物理化学氧化等方法进行处理后排放或回收。

1. 高浓度含酚废水的处理技术

高浓度含酚废水（高于 500mg/L）一般采用的处理技术主要包含以下方面:

（1）汽提吹脱法，可用水蒸气在 100℃ 左右通入废水将酚吹出，然后用 15%NaOH 作化学吸收。估计每 1000m³ 废水需用 200t 蒸汽和 2tNaOH，处理后残余酚浓度接近 50mg/L，回收率可达 95%，本方法设备投资费用较高。进一步可用生物法或吸附 / 离子交换法作后续处理。此外，也可用热空气（吹脱）代替水蒸气进行操作。

（2）萃取法。用萃取剂把苯酚从废水中萃取出来，萃取苯酚后的废水进入后续的生化处理工艺和活性炭吸附等进一步处理至达标排放。而萃取的苯酚再采用碱与苯酚反应，生成酚钠沉淀下来，沉淀后再与二氧化碳发生中和，从而回收到苯酚。萃取剂一般选用芳香或脂肪烃类、酯类、醚类、醇类、酮类等，可根据分配系数、价廉易得、不乳化、不溶于水、蒸气压小、毒性小及稳定性强等条件选用。此外，还可以选用工厂生产排出的废油等，做到以废治废。常用萃取剂有酰胺类萃取剂 N503 和叔胺类萃取剂 N235 等，它们都是国产的高效萃取剂，其缺点是少量萃取剂可能溶入废水，造成二次污染。另外，液膜萃取和焚烧技术也可以有效处理高浓度含酚废水。

2. 中等浓度含酚废水的处理技术

在无高浓度有毒物质或预先脱除有毒物质的情况下，对中等浓度含酚废水而言，生物处理是应用最广的一种方法。生物处理工艺包括活性污泥法、氧化塘、氧化沟、生物滤池等。在生物处理苯酚的过程中，需要注意的是：①废水中不得含焦油及其他油类物质，如果有，则要求预先除油；②含酚废水要有充足的溶解氧；③生物处理受有机负荷和水力负荷冲击的影响较大，因此，废水水量的波动会对出水水质有较大影响。另外还有氯氧化法，它需要很高浓度和剂量的氯，一旦氯化不完全，会生成有毒的氯酚。

3. 低浓度含酚废水的处理技术

低浓度含酚废水是指酚含量低于 5mg/L 的废水。一般是经过生化处理后的含酚废水，经过生物处理后，废水中酚含量一般达到 0.5 ~ 1mg/L。对于此类废水，一般采用物化或化学法进一步处理。

臭氧氧化法无恶臭物质的产生，处理低浓度含酚废水时，可以将酚浓度从 0.16 ~ 0.39mg/L 降低至 0.003mg/L。

对于吸附法，常用的吸附剂主要有磺化煤、吸附树脂以及活性炭。磺化煤装塔并采用半连续式操作时，一次脱酚率可达 95% 左右。处理时进料酚浓度不宜太高，过高则吸附剂再生频繁，耗用酸碱过多；也不宜处理带油状物或悬浮物的废水，以防堵塞。

应用大孔吸附树脂法的特点主要包括：①对废水中有机物具有选择性吸附，吸附不受无机盐的影响；②解吸再生容易，回收产物质量高；③树脂稳定，经久耐用。大孔吸附树脂的孔径与吸附质分子比以 6∶1 最好（对苯酚而言），其吸附脱酚过程包括吸附、溶胀反冲、解吸及水洗。

活性炭吸附法对酚类物质有很高吸附效率，几乎可完全除去酚和 TOC，但存在对料液洁净度要求高，解吸手续繁杂，活性炭再生困难等问题。

三、农药废水及其处理技术

农药是用于农业和林业的化学防治药品，但同时，农药又是有毒物和化学有害物质，会对人类、动物、环境生物和自然环境造成危害和污染。农药按照对环境的危害可以分为：剧毒农药、高毒农药、中等毒性的农药、低毒农药、微毒农药。剧毒农药包括：甲拌磷（3911）、对硫磷（1605）、磷胺、三硫磷、久效磷、甲基对硫磷、甲胺磷。国际上禁止生产使用的剧毒的DDT（双对氯苯基三氯乙烷）和六六六（六氯环己烷）均属于有机氯农药，但在国内每年依然在大量地投入使用。在这些农药中，其中对环境影响最大的是有机氯和有机磷农药，主要包含以下方面：

首先，水体中农药主要来源于农药制造厂、加工厂向水体排放的废物和废水；人们在农业生产和林业防护中使用的农药及农药药具的洗涤废水等。水体中农药不仅对靶标生物发生作用，对非靶标生物也同样产生直接或间接的影响，它能影响生物多样性，改变生态系统的结构和功能。

其次，许多农药对鱼类是剧毒的，同时受影响的还有浮游生物和底栖生物。农药污染的水体可以通过食物链作用于人体。农药对人体的急性毒害主要表现为一些中毒症状，如有机磷农药的急性神经中毒，拟除虫菊酯的神经阻断等。大多数的有机氯农药均属于环境激素类物质，极微量的激素类物质进入人体，均有可能对人体的各种生理功能起干扰作用，将引起疾病，这类农药能在蔬菜中富集，并通过食物链进入人体，经消化道吸收后，主要分布于脂肪组织中，尤以肾周围和大网膜脂肪中含量最多，然后是骨髓、肾上腺、卵巢、脑、肝等。在体内代谢后，仅有少量的经尿、粪、乳汁等排出体外，大部分被人体吸收，其慢性毒性作用主要表现为对肝、肾的损害，并有致癌、致畸、致突变的作用。

最后，除草剂是逐渐发展的一种农药类型，随着化学工业的发展，除草剂的品种也逐渐增多。在我国研制和投产的除草剂也已达数十种，大多数除草剂对人畜的急性毒性较低，极少有急性中毒发生。用除草剂饲养大鼠两年，有一半以上的大鼠产生了甲状腺肿瘤和其他肿瘤。

农药废水的处理技术主要包含以下方面：

（一）有机磷废水的处理技术

第一，臭氧氧化法。先生成羰基化合物，然后分解成二氧化碳、水及无机磷酸盐，无二次污染，适用于处理低浓度、难生物降解或对生物有毒的农药废水。

第二，水解法。在碱性条件下，有机磷分子中的酸酐键容易断裂，碱解有较好的去除有机磷的效果，常作为一种预处理技术。但降解产物仍是有机磷化合物，不易变成正磷酸盐，造成磷回收困难。而酸解能使有机磷分子中的碱性基团断裂，生成正磷酸盐，易于回收磷。常用的工艺流程为酸性水解、石灰乳中和、石灰乳脱硫和石灰乳混凝四步，中和生成的磷酸钙回收率一般大于90%。在除磷的同时，也除去了有机硫和部分COD_{cr}。中和制得的沉淀——磷酸钙需进行安全性评估方可确定能否作为磷肥施用。

第三，生化法。生化处理有机磷农药废水是重要的水处理方法之一，其主要方法是活性污泥法。废水中所含氮、磷、硫等元素，在生化过程中分别生成硝酸盐、磷酸盐和硫酸盐。

第四，吸附法。有机磷多属于疏水性物质，因此可以采用活性炭吸附的方法去除，对于深度处理或低浓度有机磷废水，较为合算。

（二）有机氯农药废水的处理技术

第一，焚烧法是最常用而有效的高浓度有机氯农药废水处理方法。根据烟气中氯化氢处理工艺的不同，常见的处理方法有焚烧－烟气碱中和法、焚烧－回收无水氯化氢法、焚烧－烟气回收盐酸法。焚烧是在专用的炉中进行。炉温一般在800～1000℃，最高1200℃。难燃有机氯农药可采用两段法焚烧工艺，即在一段炉中将炉温控制在800～1000℃，将注入的废渣基本烧掉；未燃成分在二段炉中提高燃烧温度，将所有的有机物烧掉。焚烧的产物为氯化氢和二氧化碳，烟气中含有大量的氯化氢气体，因此，对于烟气必须有处理措施，可以采用喷淋碱液的方式，吸收中和氯化氢，也可以先将烟气通入骤冷器中冷却，再采用稀盐酸吸收盐酸，或进一步浓缩、脱湿回收无水氯化氢。

第二，有机氯也是一种疏水性物质，对于低浓度的有机氯农药废水，也可以采用大孔、高比表面积、憎水性的树脂或活性炭，通过吸附处理低浓度的有机氯农药废水。

第三节　复杂污染物及其处理技术

环境污染是一个全球性的问题，对人类健康和生态系统造成了严重的影响。"运用合理的废水处理技术，实现工业生产中排放的废水循环再利用，从根本上解决水资源浪费问题，以达到环境保护发展目标，进一步促进我国绿色生态文明建设发展"[①]。尽管许多传统的污染物已经得到控制，但复杂污染物的排放和处理仍然是一个重要的挑战。复杂污染物是指由多种化学物质组成的复杂混合物，其特点是成分复杂、结构复杂、环境行为复杂，常常具有高毒性和难降解性。因此，针对复杂污染物的处理技术需要具备高效、经济、环保的特点。以下对氰化物及其处理技术、氟化物及其处理技术进行研究。

一、氰化物及其处理技术

（一）氰及其化合物性质

氰化物特指带有—CN 或 CN⁻ 的化合物，其中的碳原子和氮原子通过叁键相连接，这一叁键给予氰基以相当高的稳定性，使之在通常的化学反应中都以一个整体存在。由于该基团具有和卤素类似的化学性质，常被称为拟卤素。通常为人所了解的氰化物都是无机氰化物，俗称山奈（来自英语音译"Cyanide"），是指包含有氰根离子 CN⁻ 的无机盐，可认为是氢氰酸（HCN）的盐，常见的有氰化钾和氰化钠，它们多有剧毒，故而为人熟知。另有有机氰化物，是由氰基通过单键与其他碳原子结合而成。根据结合方式的不同，有机氰化物可分为腈（C—CN）和异腈（C—NC），相应地，有氰基（—CN）或异氰基（—NC）。乙腈、丙烯腈、正丁腈等均能在体内很快析出离子，均属高毒类。"凡能在加热或与酸作用后，在空气中或人体组织中释放出氰化氢或氰离子的氰化物都具有与氰化氢同样的剧毒作用"[②]。

---

① 杨旭军，陆永明，朱杰，等．工业废水处理再利用若干问题的探讨［J］．山西化工，2023，43（5）：246.

② 郭宇杰，修光利，李国亭，等．工业废水处理工程［M］．上海：华东理工大学出版社，2016：50.

第一，氰化氢，HCN，是一种无色气体，带有淡淡的苦杏仁味。因为缺少相应的基因，部分人闻不到它的味道。氰化氢主要用于丙烯腈和丙烯酸树脂以及农药杀虫剂的制造。

第二，氰化钾，KCN，白色圆球形硬块，粒状或结晶性粉末，剧毒。接触皮肤的伤口或吸入微量粉末即可中毒死亡。氰化钾溶解度很大，25℃下100g水中可溶解71.6g，它常用于提炼金、银等贵重金属和淬火、电镀及制备分析试剂、有机腈类、医药、杀虫剂等，是能与元素金组成可溶化合物的极少数物质之一，因而它被用于珠宝的镀金和抛光。

第三，氯化氰，CNCl，又名氯甲腈，无色液体或气体，有催泪性。用于有机合成；与氰化氢一样，是军事毒物之一。

第四，氰化钠，NaCN，白色结晶粉末，剧毒。用于提炼金、银等贵重金属和淬火，并用于塑料、农药、医药、染料等有机合成工业。

第五，亚铁氰化钾。$K_4[Fe（CN）_6]\cdot 3H_2O$，浅黄色单斜体结晶或粉末，无臭，略有咸味，相对密度1.85，常温下稳定，高温下发生分解生成氮气、氰化钾和碳化铁；溶于水，不溶于乙醇、乙醚、乙酸甲酯和液氨，水溶液遇光分解为氢氧化铁、氰化钾和氰化氢。亚铁氰化钾主要用作钢铁工业的渗碳剂；配合乙酸锌作为乳制品、豆制品等的澄清剂；用作食盐的抗结剂；欧洲常将其用作葡萄酒中铁、铜离子去除剂。

第六，乙腈，CH_3CN，无色透明液体，微有醚样臭气，有毒，易燃，与水或乙醇能任意混合，因此广泛地用作溶剂。乙腈是最简单的有机腈，能发生典型的腈类反应，是一个重要的有机中间体，用于制备许多典型含氮化合物。乙腈主要用途包括：从植物油和鱼肝油中分离提纯脂肪酸的溶剂，合成维生素A、可的松、碳胺类药物及其中间体的溶剂，制造维生素B_1和氨基酸的活性介质溶剂；丙烯腈合成纤维的溶剂和丁二烯的萃取剂；还可以用于合成乙胺，乙酸等；在织物染色、照明工业、香料制造和感光材料制造中也有很多用途；还可用作医药，农药，分析用试剂及塑料工业的原料。

第七，正丁腈，C_4H_7N，$CH_3CH_2CH_2CN$又名丙基氰、丁腈，其为无色液体，有刺激性气味；主要用作有机合成的原料、溶剂、医药中间体，还可用于其他精细化学品。

第八，丙烯腈，C_3H_3N，为无色液体，沸点77.3℃，属大宗基本有机化工产品，是三大合成材料——合成纤维、合成橡胶、塑料的基本且重要的原料，在有机合成工业和人民经济生活中用途广泛。丙烯腈用来生产聚丙烯纤维（即合成纤维腈纶）、丙烯腈 - 丁二烯 - 苯乙烯塑料（ABS）、苯乙烯塑料和丙烯酰胺（丙烯腈水解产物）。另外，丙烯腈醇解可制得丙烯酸酯等。丙烯腈在引发剂（过氧甲酰）作用下可聚合成一线型高分子化合物——聚丙烯腈。聚丙烯腈制成的腈纶质地柔软，类似羊毛，俗称"人造羊毛"，它强度高，相对密度低，保温性好，耐日光、耐酸和耐大多数溶剂。丙烯腈与丁二烯共聚生产的丁腈橡胶具有良好的耐油、耐寒、耐溶剂等性能，是现代工业最重要的橡胶，应用十分广泛。

（二）含氰废水的主要来源

工业中使用氰化物很广泛，含氰废水主要来源于矿物的开采和提炼，摄影冲印、焦炉废水、电镀厂、煤气厂、染料厂、制革厂、金属表面处理厂、塑料厂、合成纤维、钢锭的表面淬火以及工业气体洗涤等。另外，氰化物作为副产物产生于石油的催化裂解和蒸馏残渣的焦化过程。

1. 采矿业产生的含氰废水

氰化物被大量用于黄金开采中，金单质与氰离子配合降低了其氧化电位从而使其能在碱性条件下被空气中的氧气氧化生成可溶性的金酸盐而溶解，因此，可以有效地将金从矿渣中分离出来，然后再用活泼金属，如锌块，经过置换反应把金从溶液中还原为金属。一般处理 1t 金精矿要外排 4t 左右的氰化废水，其中氰化物的浓度在 50 ~ 500mg/L，有的甚至更高。

2. 电镀工业产生的含氰废水

电镀工业是氰化物的另一主要来源。电镀操作使用高浓度氰化物电镀液，以使镉、铜、锌盐等以配合物的形式溶解在镀液中，在镀件清洗的过程中，镀件会带出电镀液污染漂洗水，电镀废液（CN⁻浓度达到 4000 ~ 100000mg/L）的排放也会产生大量含氰废水。此外，用于钢材表面增硬的淬火废盐液也是特高浓度的氰化物污染源，可以达到 10% ~ 15%。

（二）含氰废水的处理技术

长期大量排放低浓度含氰污水，也可造成大面积地下水污染，而严重威胁供水水源。氰化物是剧毒物质，特别是当处于酸性 pH 范围内时，它变成剧毒的氢氰酸。含氰废水必须先经处理，才可排入下水道或河水中。由于氰化物有剧毒，处理后指标必须绝对达标，若排入水体将造成严重污染，而且氰配合物影响废水的进一步处理，因此首先要去除废水中的氰化物，处理后水质测定达标后才能进行下一步处理。

含氰废水通常的处理方法有碱性氯化法、电解法、离子交换法、活性炭法。而碱性氯化法以其运行成本低、处理效果稳定等优点广泛在工程中采用，其可以分为一步氧化法和两步氧化法。一步氧化法即一步完全氧化生成二氧化碳和氮；两步氧化法即向含氰废水中投加氯系氧化剂，将氰化物部分氧化成毒性较低的氰酸盐，然后再继续氧化为氮气和二氧化碳。

1. 一步氧化法

工程中多采用一步氧化法除氰，其操作简便操作，便于管理，能够节省处理成本。

（1）药剂选择。多种氧化剂除氰反应原理都是溶于水水解生成 HClO，再利用 HClO 的强氧化性破氰。液氯虽然成本低，但易引起安全事故；臭氧虽然去氰能力高、产渣量低，但它所需的其他费用都较高；漂白粉有效氯含量低，渣量大；漂粉精有效氯含量为 60%，产渣量大，清渣麻烦；次氯酸钠有效氯含量为 95.3%，产渣量也较大。所以，目前采用二氧化氯除氰是较为理想的处理工艺。

（2）二氧化氯处理含氰废水的原理。氧化氯是一种强氧化剂，与氯气相比，它具有氧化性更强，操作安全简便，受 pH 的影响较小的特点。氯气对氰化物的氧化通常是将 CN^- 氧化成毒性较小的氰酸盐 NaCNO，并要求很高的 pH，而二氧化氯对氰化物的氧化却能将 CN^- 化成 N_2 和 CO_2，彻底消除氰化的毒性。

二氧化氯在酸性条件下，对氰化物的氧化作用极低。当 pH 为弱碱性条件时，随着接触时间的加长，去除率都可达到 80% 以上，当 pH 达到 12.4 时，接触 2h 去除率就可达到 96.3%。二氧化氯对氰化物的氧化作用可以在弱碱性条件下进行。如果需要在短时间内完成，则需保持较高的反应 pH。二氧化氯可以直接将氰化物氧化成二氧化碳和氮。

2. 两步氧化法

第一阶段是使用氧化试剂，如氯或者次氯酸钠在碱性情况下（pH ＞ 10），将氰化物氧化为氰酸盐（氰酸盐的毒性要比氰化物毒性小得多）；第二阶段，是添加更多的氯或者次氯酸钠，但是和第一阶段相比，是在低 pH（pH=7 ~ 8）情况下，将氰酸盐进一步氧化为二氧化碳或（和）氮气。

第一阶段氧化操作时次氯酸钠与氢氰根的投加比为 CN^- ：NaOCl =

1 ： 2.85，控制废水的 pH 为 12 ~ 13，反应温度为 15℃ ~ 90℃，反应时间 30min。废水经第一阶段氧化处理后，氰化物转化为氰酸盐，其毒性降低为 NaCN 的千分之一，但还是具有一定毒性，故必须进行第二阶段的氧化处理，才能达标排放。

第二阶段氧化操作时次氯酸钠与氢氰根的投加比为 CN⁻ ： NaOCl ＝ 1 ： 3.42。用稀硫酸把废水 pH 调整为 8.5 ~ 9.0，温度为 15 ~ 40℃，反应时间约为 30min，第二阶段氧化处理是把氰酸盐连同第一阶段氧化反应后留下的残存的氯化物一起氧化成无毒的 CO_2 和 N_2。

因为电镀工业含氰废水的排放量不大，可只用一个反应池，在反应池进行机械搅拌。把连续式处理法改为间歇式处理法，即在同一反应池中先按第一阶段的处理法投加次氯酸钠进行氧化反应，30min 后改变反应条件，按第二阶段的处理法投加次氯酸钠进行完全氧化反应。

3. 电解氧化法

电解氧化法适合于电镀厂浓度较高的含氰废水的初步处理，即处理后废液还需氯化法二次处理。高温水解法和蓝盐法在处理固体氰化钠生产含氰废水中已获得了工业应用。而欲与贫液全循环法联合使用的离子交换法、电解回收法处在试验阶段，有待进一步研究开发。膜（液膜或气态膜）分离法虽可以回收氧化物，但离工业化应用还有一段距离。

4. 二氧化硫 - 空气氧化法

氯化法是处理含氰废水的成熟方法，处理效果好，处理后废水能达标排放。但操作较复杂，是纯消耗性的处理方法，成本较高，在某些地区正被 SO_2-Air 法所取代。尤其是有焙烧 SO_2 烟气的地区，利用 SO_2 烟气处理含氰废水，以废治废，成本低廉。二氧化硫 - 空气氧化法主要是利用 SO_2 与空气的混合物，在 pH 为 8 ~ 10 的条件下氧化分解氰化物，该方法不仅完全适合于从贫液中除去所有氰化物，并能消除铁氰配合物。氰化物的去除率达 99.9% 以上，还能使水中的重金属降低到 1mg/L 以下。与碱氯法相比具有设备简单、投资少、药剂费低等优点，是目前最常用的方法之一。

二、氟化物及其处理技术

（一）氟及其化合物性质

1. 氟的基本性质

氟在地壳的存量为 0.072%，存在量的排序数为 12，也是自然界中广泛分布的元素之一。自然界中氟主要以萤石（Fluorite）存在，其主要成分为氟化钙（CaF_2）、冰晶石（$3NaF \cdot AlF_3$）及以氟磷酸钙 [$Ca_5F(PO_4)_3$] 为主的矿物。

正常情况下，氟气是一种浅黄绿色的、有强烈助燃性的、刺激性毒气，是已知的最强的氧化剂之一，其密度为 1.69g/L，熔点为 −219.62℃，沸点为 −188.14℃，化合价为 −1。氟的电负性最高，电离能为 17.422eV，是非金属中最活泼的元素，氧化能力很强，能与大多数含氢的化合物，如水、氨和除氦、氖、氩外一切无论液态、固态或气态的化学分子起反应。氟气与水的反应很复杂，主要产物是氟化氢和氧，还有较少量的过氧化氢，二氟化氧和臭氧产生，也可在化合物中置换其他非金属元素。可以同所有的非金属和金属元素起猛烈的反应，生成氟化物，并发生燃烧。氟离子体积小，容易与许多正离子形成稳定的配位化合物；氟与烃类会发生难以控制的快速反应。氟气有极强的腐蚀性和毒性，操作时应特别小心，切勿使它的液体或蒸气与皮肤和眼睛接触。

利用其强氧化性，氟在氟氧吹管及火箭燃料中用作氧化剂。另外，含氟塑料和含氟橡胶等高分子材料，具有优良的性能，可以用氟作为合成相应材料的原材料。

2. 氟及其化合物的作用

（1）氟，F_2，液态氟可作火箭燃料的氧化剂。

（2）氟化氢，HF，具有腐蚀性和毒性。0.05mg/m³ 浓度下暴露数分钟可能致死。100mg/m³ 浓度下只能耐受 1min；400 ～ 430mg/m³ 浓度下，急性中毒致死。皮肤接触后要尽快用缓和流动的温水冲洗患部 20min 以上，并在冲水时脱去污染物，然后将受伤处浸于冰的 0.2%Hyamine（氯化苄乙氧胺）、1622 水溶液（1 ∶ 500）或冰的 0.13%Zephlran（洁而灭氯化苯甲烃铵），若无法直接浸泡，可使用绷带，每 2min 更换一次。

液态 HF 具有介电常数大、黏度低和液态范围宽等特点，因而是一种极好的溶剂。常用于玻璃雕刻；利用氢氟酸溶解氧化物的能力，可以用于铝和铀的提纯；在炼油厂中可以用作异丁烷和丁烷的烷基化反应的催化剂等；半导体工业中单体硅表面的氧化物去除，不锈钢表面的含氧杂质的"浸酸"过程也会用到氢氟酸；氢氟酸也用于多种含氟有机物的合成，不粘锅的涂层 Teflon（PTFE）、冰箱里面的氟利昂的合成都要用到氢氟酸。

（3）氟化铵，NH_4F，呈叶状或针状结晶。用作玻璃蚀刻剂、金属表面的化学抛光剂、酿酒的消毒剂、防腐剂、纤维的媒染剂，也用于提取稀有元素等。

（4）氟硼酸，HBF_4，无色液体，有毒，具有强烈的腐蚀性，不能久藏于玻璃容器。供制备稳定重氮盐、冶金轻金属和电镀等用，钠离子分析试剂。

（5）六氟磷酸铵，NH_4PF_6，无色片状体，用作制造其他六氟磷酸盐原料。

（6）六氟磷酸银，$AgPF_6$，熔点为 102℃，白色粉末，在光照下分解变黑，常因产生银而呈灰色，用于从链烷烃中分离烯烃，也用作催化剂。

（7）氟化钠，NaF，白色粉末或结晶，无臭有害品，主要用作杀虫剂、木材防腐剂。急性中毒：服后立即出现剧烈恶心、呕吐、腹痛、腹泻，重者休克、呼吸困难、紫癜，可能于 2～4 小时内死亡。部分患者出现荨麻疹，吞咽肌麻痹，手足抽搐或四肢肌肉痉挛。氟化钠粉尘和蒸气对皮肤有刺激作用，可引起皮炎。慢性影响：可引起氟骨症。

（8）氟化氢钠，$NaHF_2$，白色结晶粉末，有毒。氟化氢钠用于制无水氟化氢和供雕刻玻璃、木材防腐等用。由氟化钠溶于氢氟酸溶液而制得。

（9）氟化钙，CaF_2，无色立方形晶体，发光。自然界以萤石和氟石形式存在。氟化钙是制取氟及其化合物的原料，此外，还用于钢铁冶炼、化工、玻璃、陶瓷的制造业中。纯品可作脱水、脱氢反应的催化剂。

（10）氟化钾，KF，无色立方结晶，有害品。氟化钾主要用作分析试剂、配合物形成剂，可用于玻璃雕刻和食物防腐，还用作杀虫剂等。

（11）氟化锂，LiF，白色粉末或立方晶体。氟化锂主要用于搪瓷、玻璃、釉和焊接中做助熔剂。LiF 大量用于铝、镁合金的焊剂和钎剂中，也用作电解铝工业中提高电效的添加剂；在原子能工业中用作中子屏蔽材料，熔盐反应堆中用作溶剂；在光学材料中用作紫外线的透明窗（透过率 77%～88%）；在宇宙飞船中作为受热器原料贮存太阳辐射热能。由 Li_2CO_3（碳酸锂）和氢氟酸反应，在铂皿或铅皿中蒸发而制得。

（12）有机氟化合物，Organic Fluorine Compound，有机化合物分子中与碳原子连接的氢被氟取代的一类元素有机化合物。分子中全部碳氢键都转化为碳氟键的化合物称为全氟有机化合物，部分取代的称为单氟或多氟有机化合物。由于氟是电负性最大的元素，多氟有机化合物具有化学稳定性、表面活性和优良的耐温性能等特点。有机氟化合物主要包含以下方面：

第一，含氟烷烃。以氟利昂为代表。氟利昂主要是氟化的甲烷和乙烷，也可以含氯或溴，这类化合物多数为气体或低沸点液体，不燃，化学稳定，耐热，低毒。含氟烷烃主要用作制冷剂、喷雾剂等，最常用的是氟利昂-11（$CFCl_3$）和氟利昂-12（CF_2Cl_2），这类化合物也是重要的含氟化工原料或埔剂，如二氟氯甲烷用于合成四氟乙烯；1，1，2-三氟三氯乙烷用于合成三氟氯乙烯，也是优良的溶剂。含氟碘代烷如三氟碘甲烷等为重要的合成中间体。一些低分子含氟烷烃和含氟醚有麻醉作用，并有不燃、低毒的优点，可用作吸入麻醉剂，如1，1，1-三氟2-氯-2-溴乙烷（俗称氟烷）已广泛用于临床。

第二，含氟烯烃。以四氟乙烯、偏氟乙烯和三氟氯乙烯等为代表。四氟乙烯为最主要的含氟单体，可以聚合成聚四氟乙烯，或与其他单体共聚合成多种含氟高分子。偏氟乙烯 $CF_2 = CH_2$ 在空气中的浓度为 5.8% ~ 20.3%，遇火可爆炸，主要用于与其他单体共聚合制取含氟弹性体。三氟氯乙烯主要作为单体，用于合成均聚物或共聚物。

第三，含氟羧酸。含氟羧酸可以进行一般羧酸的各种转化反应，如还原为醛、伯醇，生成酰卤、酸酐、酯、盐、酰胺等。全氟羧酸为强有机酸，长链的全氟羧酸及其盐类均为优良的表面活性剂。

第四，含氟芳烃。苯分子中的氢可以通过间接方法部分或全部用氟取代。氟苯为含氟芳烃的代表。多氟苯或全氟苯易与亲核试剂发生取代反应。

有机化合物的氟化方法主要包括：①选择性氟化。用碱金属的氟化物或锑、汞、银的氟化物，可将卤代烷或磺酸酯转化为氟代烷，反应一般在无水极性介质中进行；也可用五氯化锑等作催化剂，在无水氟化氢中进行氟化。四氟化硫可作为将羟基、羰基和羧基分别转化为一氟代烷基、二氟次甲基和三氟甲基的专一性试剂，必要时可添加氟化氢、三氟化硼等催化剂。②电化氟化。将有机化合物溶于无水氟化氢中，必要时添加少量导电体，于低压下进行电化反应，在阴极放出氢，化合物中的碳氢键在阳极转化为碳氟键，多重键被氟饱和，并发生一些降解反应，这是制备全氟有机化合物的最好方法之一。③全氟化。元素氟可将有机化合物中的多重键用氟饱和并将碳氢键全部转化为碳氟键。由于反应大量放热，常伴随各种断键和一些偶合、聚合反应，产物极为复杂。高价金属氟化物如三氟化钴是比元素氟温和的氟化剂，可从萘和四氢萘的混合物制取全氟萘烷。其他类似的氟化剂有二氟化银、三氟化锰等。

很多有机氟化合物有重要的用途。例如，聚四氟乙烯可做人造关节的部件，长期用于人体内；全氟萘烷和全氟三丙胺的混合乳剂可作为氟碳代血液；全氟环丁烷可作食品发泡剂；全氟三丁胺乳剂可替换大白鼠的全部血液而使动物仍能正常存活。

（二）含氟废水的主要来源

含氟废水来源主要包括硅氟和碳氟聚合物制造，焦炭生产，玻璃和硅酸盐生产，钢、铝制造，金属蚀刻（用氢氟酸），电子元件生产，电镀，化肥生产，木材防腐和农药等。

磷肥生产过程中排放的主要是 SiF_4（四氟化硅），这是磷矿石处理过程中产生的。废水中氟化物浓度可以达到 308 ～ 1050mg/L。

最初制铝业中用氟化物（Na_3AlF_6）作为铝矾土还原反应中的催化剂，产生的含氟废气直接排入大气中。现在用湿法除尘使得气体中的氟污染转移到废水中，使得废水中平均含氟量达到 107 ～ 145mg/L。

钢铁制造业中，氟化物废料主要来源于烧结和炼钢过程。在烧结分厂，石灰石和碱性吹氧炉的尘粒中有含氟物质；炼钢过程中的基本材料是石灰石和英石（CaF_2）。废水中含氟量可以达到 8 ～ 106mg/L。

玻璃制造中氟一般为氢氟酸或氟离子形式。氢氟酸用于电视显像管荧幕和电子枪的酸性抛光，以使焊接边缘光滑，还用于乳白灯泡的处理及各种压制和吹制玻璃产品的酸性抛光。含氟废水也是来源于烟气控制、漂洗水和废弃的浓缩酸，废水中含氟浓度可以达到 1000 ～ 3000mg/L。电镀工业中，铅、锡等金属及其合金用氟硼酸盐作电镀液。随着清洗水的稀释，氟硼酸盐离子 BF_4^- 水解成较稳定的三氟化硼 BF_3 及氟离子，因而废水处理就转化为如何去除氟化物。废水中氟含量约为 143mg/L。

（三）含氟废水的处理技术

国家污水综合排放标准，氟离子浓度应小于 10mg/L。目前，含氟废水的处理技术主要包含以下方面：

1. 吸附法

含氟废水流经接触床，通过与床中的固体介质进行特殊或常规的离子交换或化学反应，去除氟化物。虽然处理过程中不需要移去固体介质，但接触床的再生及高浓度再生液（含高浓度的氟）的处理是整个处理过程必不可少的一部分，这类方法只适合处理低浓度废水或经其他方法处理后氟化物浓度降低至 10 ~ 20mg/L 以下的废水。

2. 沉淀法

沉淀法即投加化学药品形成氟化物沉淀或氟化物被吸附在形成的沉淀物中而共沉淀，然后分离固体沉淀物，从而从废水中去除氟化物。去除率部分取决于固液分离效率。常见的沉淀剂有镁化合物（如白云石）、石灰、硫酸铝（明矾）等。

（1）钙盐沉淀法。加石灰乳使含氟废水的 pH 至 7 ~ 7.5，再加 1 ~ 1.5mL 高分子絮凝剂（聚丙烯酰胺）。处理后的水中残氟通常在 15 ~ 40mg/L。氟化钙的最大溶解度为 8mg/L，但实际上氟化物处理后仅能降低至 10 ~ 20mg/L，这是由于沉淀物形成速率较慢所致，另外，沉淀物的沉降特性也较差。

（2）钙盐 – 硫酸铝共沉淀法。明矾去除氟化物是一种共沉淀现象，氟化物随铝盐形成的絮体而得以去除。采用石灰乳和硫酸铝处理含氟废水时，pH 应控制在 6 ~ 7，添加石灰乳量为 Ca^{2+} 与 F^- 物质的量的比为 10，硫酸铝用量为 3000mg/L，处理后废水残留的氟在 2 ~ 0.1mg/L 以下。

（3）钙盐 – 磷酸盐法，通过加入钙盐和磷酸盐从废水中除去氟化物。当钙盐添加量为 Ca^{2+} 与 F^- 物质的量的比为 10，磷酸根添加 1400 ~ 3500mg/L 时，处理后废水残留的氟在 2 ~ 0.1mg/L 以下。

第四章　双碳背景下工业废水的物理处理技术

第一节　调节池处理技术

调节"是使废水的水量和水质（浓度、温度等指标）实现稳定和均衡，从而改善废水可处理性的过程"[①]。调节池处理技术是一种用于处理污水、工业废水、雨水径流等的水处理方法，通过在调节池中采用物理、化学和生物等过程，改善水体的水质，降低污染物浓度，达到环境保护和资源回收的目的。常见的调节池处理技术如下：

一、沉淀技术

在调节池处理技术中，沉淀是一项最基础且至关重要的处理过程。通过营造静止环境，促使水体中的固体颗粒在重力作用下自然沉降，是将悬浮物、泥沙以及部分重金属等有害物质有效去除的主要手段。这一过程在调节池中起到了过滤和分离的作用，使得水体逐渐恢复清澈和透明。要提高沉淀效率，需要采取一系列有效措施：首先，合理控制沉淀时间，确保固体颗粒有足够的时间沉积到底部。其次，调整池的深度，使得沉淀物有足够的空间积累。同时，在调节池中设置斜板等装置，有助于引导和加速固体颗粒的沉降，进一步提升沉淀效果。沉淀作为水处理过程中的重要步骤，能够有效地去除悬浮物和部分污染物，为后续的处理工艺创造更优质的水质条件。通过合理的沉淀设计和操作管理，不仅能够提高水体的水质，还有助于减轻下游处理单

---

① 郭宇杰，修光利，李国亭．工业废水处理工程 [M]．上海：华东理工大学出版社，2016：105.

元的负荷，降低环境污染风险。

二、生物处理技术

生物处理作为一种先进的调节池处理技术，借助微生物的代谢活动来有效降解水体中的有机污染物。在调节池中，通过精心营造适宜的生态环境，包括氧气浓度、温度和 pH 等方面的调控，有助于促进微生物对有机物的高效分解与降解。这个生物降解过程在污水处理中起到关键作用，能够显著减少有机污染物的含量，从而改善水体的整体水质。

根据污水的性质，生物处理可以选择厌氧或好氧方式进行。在厌氧条件下，微生物在缺氧环境中进行降解，生成甲烷等产物；而在好氧环境中，微生物通过氧气的参与进行分解，生成二氧化碳和水。技术的灵活性使得生物处理适用于不同种类的污水，具有较强的适应性。生物处理技术需要严格的监测和操作，以保证微生物的生长和活性维持在理想状态。此外，合理的调节池设计和运营管理也是关键，以确保生物处理系统的稳定性和高效性。

三、氧化还原技术

氧化还原技术在调节池处理中发挥着重要作用，氧化还原反应是一种通过引入氧气或其他氧化剂来降解有机物的高效方法。通过增加氧气供应，可以有效地促进污水中有机物的氧化降解，从而明显减少其浓度，实现水体质量的提升。氧化还原技术的原理在于，在氧化剂的作用下，有机污染物的分子结构发生改变，从而使其降解为较简单、较少污染的物质。这一过程不仅有效地减少了有机污染物对水体的污染程度，还有助于降低化学需氧量（COD）等关键指标，改善水体的整体水质。在调节池中应用氧化还原技术，需要确保氧气或氧化剂的充分供应。通过合理的氧气通入或添加适量的氧化剂，可以在一定程度上模拟自然界中的氧化过程，将有机物逐步转化为无害的产物，达到净化水体的目的。

四、化学加药技术

化学加药技术是通过向调节池中投加化学药剂，如凝固剂、絮凝剂等，以达到促进固体颗粒的凝聚沉淀或去除特定污染物的目的。在调节池中应用化学加药技术，化学药剂的添加能够引起水中固体颗粒的凝聚作用，使其形成较大的团聚体，从而提高其沉降速度。此外，化学加药还能够使某些难以沉淀的污染物转变为易于沉淀的形态，便于后续的去除处理。化学加药技术的成功应用需要精确的药剂投加控制，以确保药剂的适宜浓度和均匀分布。根据水质特性和目标污染物，选择合适的化学药剂种类和投加量是至关重要的。同时，也需要考虑化学药剂的残留和对环境的潜在影响，以确保处理过程的安全性和可持续性。

五、植物净化技术

植物净化技术通过引入水生植物，如芦苇、睡莲等，借助植物的多重作用，实现水体的有效净化，去除其中的营养盐和污染物。在调节池中引入水生植物，植物的根系能够有效吸收水体中的营养盐，如氮、磷等，减少水体富营养化的风险。同时，植物的叶片和茎部也能吸附悬浮物和部分有机物，进一步改善水质。此外，植物的根系微生物还能发挥降解有机物的作用，有助于降低水体中污染物的含量。植物净化技术对水体生态系统的恢复和保护有着积极的影响。植物的存在能够为水体创造适宜的生态环境，提供遮蔽和栖息地，吸引鸟类和其他生物，进一步促进生态平衡的建立。然而，在应用植物净化技术时，需要考虑植物的种类选择、密度安排以及养护管理等因素。合理的设计和运营能够使植物净化系统发挥最佳效果，同时还需要注意防止植物过度生长导致堵塞和污染物的再释放。

六、过滤技术

通过在调节池中设置过滤装置，如沙滤池或滤网，可以有效地进行进一步的水体处理，去除残留的悬浮物和细颗粒。过滤技术利用了物理隔离的原理，将水体通过过滤介质，如沙子、石英砂等，实现固体颗粒的截留。这种方法可以有效去除水体中的悬浮物、细颗粒和某些微生物等，从而进一步净化水体，提高水质。沙滤池是一种常见的过滤装置，其中的沙子可以阻止颗粒物通过，使水体变得更清澈。滤网则是一种更细致的过滤方式，通过网孔的大小来筛选不同大小的颗粒。这些过滤装置通常会在调节池的末端设置，确保水体在经过其他处理步骤后进行进一步的精细过滤。需要注意的是，过滤技术需要定期维护和清洗，以防止过滤介质的堵塞和污染物的积累。合理的维护措施能够确保过滤装置的正常运行，提高其去除效率。

七、pH调节技术

通过调整水体的pH，可以有效地改变污染物的溶解度和化学性质，从而进一步促使污染物的沉淀或氧化还原反应。pH是衡量水体酸碱性的重要指标，其变化会影响污染物的化学行为。通过适当调整水体的pH，可以改变污染物的电荷状态和稳定性，从而影响其在水中的分布和反应。例如，在酸性条件下，某些金属离子容易与沉淀物结合，促使其沉淀；而在碱性条件下，有些有机物容易发生氧化还原反应。此外，调节池还可以通过调整水流速度来实现水体处理的最佳效果。适宜的水流速度能够提供足够的停留时间，使水体在调节池内停留的时间足够长，以便各种处理过程充分发生。例如，较慢的流速有助于沉淀过程，使固体颗粒有更多时间沉降；较快的流速则能够促进氧化还原和生物降解等过程的进行。

以上技术可以根据具体的水体特性和处理目标进行组合和调整，以实现最佳的水质调节效果。调节池处理技术在城市污水处理厂、工业废水处理系统以及雨水收集系统中得到广泛应用，对于保护环境和维护水资源的可持续利用具有重要意义。

第二节　沉降处理技术

工业废水的沉降处理技术是一种常见且有效的废水处理方法，用于从工业废水中去除悬浮物、泥沙、颗粒污染物等固体物质，以改善废水质量并达到环境排放标准。这一技术在工业废水处理领域具有广泛的应用，能够有效降低废水中固体颗粒的浓度，减少废水对环境的影响。

第一，初级沉淀池作为工业废水处理系统中的重要环节，承担着最初的固体物质去除任务。当废水进入初级沉淀池后，通过减缓水流速度，使固体颗粒逐渐失去浮力，从而沉降到底部形成污泥。这个过程中，较大的颗粒和悬浮物会在沉淀池中被有效去除，从而使废水的浊度得到明显改善。

第二，次级沉淀池进一步完善了废水处理的步骤。次级沉淀池通常位于初级沉淀池之后，其目的是去除初级沉淀池中未能去除的更细小的悬浮物和残余污染物。通过延长水体停留时间，次级沉淀池提供了更大的沉淀区域，使颗粒有更多的机会沉降下来，从而进一步净化废水，降低颗粒物浓度。

第三，斜板沉淀池则是一种在初级沉淀技术基础上的改良型方法。通过在池内设置斜板，有效增加了颗粒物沉降的距离和时间，从而提高了沉淀效率。这种技术尤其适用于工业废水中含有大量颗粒物的情况，能够更加高效地将固体颗粒从水中分离出来。

第四，混凝剂的应用也是工业废水处理中的重要环节。通过添加混凝剂，如聚合氯化铝（PAC）或铁盐等，可以促使悬浮物和颗粒物发生凝聚作用，形成较大的团块，更易于沉降。混凝剂的应用能够提高沉降速度和效率，进一步增强沉降处理的效果。

第五，优化设计和操作对于工业废水的沉降处理而言也至关重要。合理的池体设计、水流控制以及沉淀时间的选择都会直接影响沉降效果。根据不同的废水特性，可以调整操作参数，以获得最佳的沉降效果。这需要综合考虑废水的流量、污染物种类和浓度等因素。

需要注意的是，工业废水的沉降处理并不适用于处理所有类型的污染物。对于溶解性污染物和有机物等，在沉降处理中效果可能有限。因此，在实际应用中，常常需要将沉降处理与其他废水处理技术如生物处理、化学处理等相结合，以实现更全面的废水净化和达标排放。

工业废水的沉降处理技术在实际应用中需要综合考虑多个因素，以确保其高效、可靠地运行。首先，废水的特性是影响沉降效果的关键因素之一。不同工业过程产生的废水可能含有不同种类、浓度和粒径的固体颗粒，因此在选择沉降技术时需要充分了解废水的特性。其次，污染物的沉降速度和废水中的固体颗粒浓度也需要被考虑。适当的池体设计和水流控制能够影响颗粒物的停留时间，从而影响沉降效果。此外，操作参数的选择，如污泥的排放和处理，也需要被仔细规划，以避免污泥的二次污染问题。

工业废水的沉降处理技术在不同行业中有着广泛的应用。例如，纺织、皮革、食品加工等工业都会产生大量的废水，其中含有大量的悬浮物和固体颗粒。通过沉降处理，这些废水可以得到一定程度的净化，从而减轻了对环境的影响。同时，工业沉降池的设计和运行也需要满足相关法规和标准，确保废水排放符合法律法规要求。然而，工业废水的沉降处理并非适用于所有情况。在一些情况下，废水中可能含有较小的颗粒物或溶解性污染物，这就需要综合考虑其他的废水处理技术，如生物处理、化学处理等。不同工业废水的特性和处理要求也可能导致不同的沉降处理策略，需要针对性地制定方案。

第三节 离心分离与过滤技术

一、离心分离技术

工业废水的离心分离技术是一种常用的废水处理方法，通过利用离心力使废水中的固体颗粒、悬浮物、液体等不同密度的物质分离，从而达到净化水质的目的。离心分离技术的基本原理是利用高速旋转的离心机，通过离心力使不同密度的物质在离心机中分层沉降，从而实现分离。具体而言，当废水进入离心机后，高速旋转的离心机会产生强大的离心力，使固体颗粒和悬浮物向离心机的外部壁移动，而相对较清澈的液体则集中在中心部分。这样，不同密度的物质会自然分层，从而实现了物质的分离。在工业废水处理中，离心分离技术可以应用于不同阶段和不同类型的废水处理过程。

第一，初级固液分离是工业废水处理中的关键环节之一。在许多工业生产过程中，废水中可能含有大量的固体颗粒和悬浮物，这些物质对水体质量和环境造成不良影响。通过采用离心分离技术，废水先被引入高速旋转的离心机。在旋转的作用下，离心机产生的强大离心力使固体颗粒向外壁移动，而相对较清澈的液体则被集中在中心部分。这一过程能够有效地将固体颗粒和悬浮物从废水中分离出来，从而降低了废水的浊度和固体含量，达到了净化废水的目标。初级固液分离的效果不仅改善了废水的外观，还为后续处理过程创造了更有利的条件，提高了整体废水处理效率。通过减少废水中的固体污染物，初级固液分离为工业废水治理提供了重要的基础。

第二，油水分离是工业废水处理中的一个重要应用领域，特别在石油化工等行业，工业废水中往往含有难以与水混溶的油脂和其他有机物质。这些油水混合物不仅对水体环境造成污染，而且可能影响后续处理过程的效率。通过采用离心分离技术，工业废水先被引入离心机，并在高速旋转的作用下产生强大的离心力。在离心力的作用下，废水中的油脂会浮于液体表面，而水则被推向离心机的外部壁，从而实现了油水分离。这一过程有效地将废水中的油脂与水分离开来，使得油脂可以集中收集并进行后续处理，而相对较清净的水体则有助于环境保护和排放达标。

第三，浓缩污泥是工业废水处理中的一个重要应用方向。在废水处理过程中，常常会产生大量的污泥，这些污泥不仅含有水分，还可能含有有机物、重金属等有害成分，需要进行安全有效的处理和处置。离心分离技术在这一领域发挥着重要作用，通过引入离心机进行高速旋转，产生强大的离心力，使污泥中的水分受到离心力的作用，从而分离出来。这样，污泥的水分含量得以降低，污泥的体积得到显著减少，有助于后续处理和处置。通过浓缩污泥，不仅可以减少废物的体积，降低了处置成本，还可以提高污泥的含固率，使得后续处理更加高效。浓缩后的污泥更易于运输、储存和处理，有利于资源回收或焚烧利用，从而减少了对环境的不良影响。然而，在进行污泥浓缩时，还需要注意污泥中可能存在的有害物质，以及处理后产生的浓缩污泥的后续处理方式。合理的污泥处理方案可以最大限度地减少环境风险和健康影响。

第四，资源回收是工业废水处理中的一个重要应用领域，在一些工业生产过程中，废水中可能含有有用的物质，如金属离子、有机化合物等。这些有用物质虽然目前存在于废水中，但通过合适的处理方法，可以实现其分离和回收，从而实现资源的可持续利用。离心分离技术在资源回收方面具有独特优势。通过高速旋转的离心机，可以将废水中的有用物质分离出来，实现物质的分层沉降。例如，废水中的金属离子可以被聚集在离心机的特定位置，从而实现其分离和收集。这样一来，废水中的有用物质得以回收，可以进一步用于生产和加工，减少了资源的浪费，促进了可持续发展。需要注意的是，资源回收的成功应用需要充分考虑废水中有用物质的类型、浓度以及后续利用的可行性。合理的资源回收方案不仅有助于减少资源消耗，还可以降低环境污染和废物排放。

二、过滤技术

"过滤是利用过滤材料分离废水中杂质的一种技术"[①]，工业废水过滤技术的主要目标是通过物理分离过程去除工业废水中的悬浮物、颗粒物以及其他固体污染物，以改善废水的水质并达到环境排放标准。过滤技术的核心在于选择适宜的滤料或过滤介质，以根据废水中的污染物类型和性质来实现最

---

① 赵文玉，林华，许立巍. 工业水处理技术 [M]. 成都：电子科技大学出版社，2019：43.

佳的过滤效果。常见的滤料包括砂子、活性炭、陶瓷和聚合物等。每种滤料都有其特定的适用范围和优势。例如，活性炭可以有效吸附有机污染物，而陶瓷滤料具有耐腐蚀性能，适用于一些特殊的工业废水处理。

工业废水过滤技术涵盖了多种滤器类型，如压力过滤器、真空过滤器、沙滤池和膜过滤等。不同的滤器类型基于不同的工作原理，适用于不同的废水处理需求。例如，膜过滤技术可以实现微细颗粒和溶解性污染物的有效分离，而压力过滤器适用于一些大颗粒污染物的处理。滤速是指废水通过单位面积滤器的流量，而滤程是指废水在滤料中的通过厚度。合理的滤速和滤程设计对于维持过滤效果和处理效率至关重要。滤速过快可能导致滤料堵塞，影响处理效果，而滤程过大则可能降低过滤效率。滤器在使用过程中需要定期维护和清洁，以确保滤器的正常运行和过滤效率。定期更换滤料、清理堵塞物是保持长期稳定废水处理效果的关键步骤。

当代工业废水过滤技术常常结合自动化控制系统，以实现对滤器操作和维护的实时监测和调控。这有助于提高操作效率，保障处理过程的稳定性和可靠性。工业废水过滤技术在多个工业领域得到广泛应用，包括但不限于纺织、食品加工、化工、制药等。通过有效地去除废水中的固体污染物，过滤技术有助于减少环境污染风险，改善水体质量，为可持续发展作出贡献。然而，需要认识到过滤技术对于溶解性污染物和微小颗粒的处理效果可能有限，因此在实际应用中常需要与其他废水处理方法相结合，以获得更全面的废水净化效果。

第四节　吸附处理技术

工业废水的吸附处理技术是一种常见且有效的废水处理方法，通过利用吸附剂与废水中的污染物之间的物理或化学吸附作用，将污染物从废水中转移到吸附剂表面，从而实现废水的净化和处理。下面将对工业废水吸附处理技术的各个方面进行探讨，以便更深入了解其原理、应用和优势。

一、吸附剂的选择

在吸附处理技术中，吸附剂的选择扮演着关键角色。常见的吸附剂包括活性炭、沸石和聚合物树脂等多孔材料，这些材料具有广泛的应用。它们拥有巨大的比表面积和许多吸附位点，能有效地与废水中的污染物相互作用。

不同类型的吸附剂对不同种类的污染物具有不同的吸附能力和选择性。例如，活性炭适用于吸附有机物，沸石可以有效去除氨氮和硝酸盐，聚合物树脂可以针对特定的污染物进行定制设计。因此，在实际应用中，需要根据废水的成分、浓度和 pH 等特性，精心选择吸附剂，以达到最佳的处理效果。

吸附剂的选择也需要考虑成本、再生能力和环境影响等因素。一些吸附剂可以进行多次再生，从而延长使用寿命，降低成本。此外，对于可回收的有用物质，吸附剂也可以实现资源的回收和再利用。因此，吸附剂的选择不仅关乎废水处理的效果，还涉及经济性和可持续性的考量。

二、吸附机理分析

吸附处理的核心在于吸附机理，这决定了污染物与吸附剂之间的相互作用方式。基本的吸附机理涉及污染物分子与吸附剂表面之间的相互作用，形成吸附层。这一过程可以通过物理吸附或化学吸附来实现。物理吸附是由范德华力等非共价相互作用引起的。污染物分子与吸附剂表面之间的吸引力导致分子附着在吸附剂上。物理吸附通常在相对低的温度下发生，吸附层较薄且较不稳定。这种吸附机制适用于一些易挥发有机物的处理。化学吸附涉及污染物分子与吸附剂表面之间的化学键形成。这种吸附机制在相对较高的温度和特定的化学环境下发生，吸附层较稳定。化学吸附适用于一些特定的污染物，如金属离子等。深入理解吸附机理有助于优化吸附过程并提高吸附效率。根据吸附机理，可以调整吸附剂的类型、表面性质和处理条件，以实现更高效的吸附。此外，了解吸附机理还有助于预测吸附剂的饱和点、再生方法等，从而更好地应用于实际废水处理中。

三、吸附过程的优化

吸附过程的优化是确保吸附处理技术能够最大程度地发挥作用的关键步骤。在吸附处理过程中，需要细致地调控多个参数，包括吸附剂用量、接触时间、pH、温度等，以实现最佳的吸附效果和废水净化效率。

第一，调整吸附剂用量：吸附剂用量的选择直接影响吸附的容量和效率。适当的吸附剂用量可以确保废水中的污染物得到有效吸附，避免过度使用吸附剂造成资源浪费。

第二，控制接触时间：吸附剂与废水的接触时间决定了吸附平衡的达成。适当延长接触时间可以增加吸附量，但过长的接触时间可能导致处理效率的下降。

第三，调节 pH：调整废水的 pH 可以影响污染物的电荷状态，从而影响其与吸附剂的相互作用。有时，调节 pH 可以增强吸附效率，提高废水净化效果。

第四，控制温度：温度对吸附过程的速率和平衡状态有影响。在某些情况下，适当的温度调控可以提高吸附速率和吸附容量。

通过对这些参数的合理优化，可以实现吸附处理技术的最佳效果。优化吸附过程有助于最大程度地去除废水中的污染物，提高废水净化效率，并且减少资源的浪费。

四、吸附剂再生方法

吸附剂再生是吸附处理技术中至关重要的一步，当吸附剂饱和后，需要进行再生以恢复其吸附性能，从而实现吸附循环利用。吸附剂再生的方法多样，根据吸附剂类型和废水性质的不同，可以选择合适的再生方法。

第一，热解再生：对于一些吸附剂，如活性炭，热解是一种常用的再生方法。通过高温处理，可以分解被吸附的污染物，从而恢复吸附剂的吸附能力。热解再生还可以通过脱除水分等方式清除吸附剂表面的污染物。

第二，洗涤再生：洗涤再生是通过使用适当的溶剂或洗涤液，将被吸附的污染物从吸附剂表面解吸出来。这种方法常用于一些特定的吸附剂，如树脂，可以实现有效的吸附剂再生。

第三，酸碱处理：酸碱处理是通过改变环境的酸碱性来解除吸附剂上的污染物。酸碱处理可以改变吸附剂表面的电荷状态，使吸附剂与污染物解离，从而实现再生。

吸附剂再生的选择取决于多个因素，包括吸附剂类型、废水成分、再生成本等。有效的吸附剂再生方法可以延长吸附剂的使用寿命，降低废水处理成本，同时减少对环境的影响。在实际应用中，合理选择并优化吸附剂再生方法对于实现可持续的废水处理具有重要意义。

五、吸附技术的应用

吸附技术在工业废水处理中具有广泛的应用，适用于多个工业领域，包括化工、纺织、制药、金属加工等，其有效去除有机物、重金属、色素等废水污染物的能力，为实现废水净化和环境保护提供了有力支持。

在化工行业，许多生产过程产生了各种有机废水，其中包括有机溶剂、化合物等。吸附技术能够高效去除这些有机物，从而减少对环境的不良影响。在纺织业，废水中常含有各种色素、染料和有机化合物，吸附技术可以有效地将这些污染物捕获，提高废水的处理效果。同样，在制药和金属加工领域，吸附技术也被广泛应用于废水的净化和处理过程中。

吸附技术的优势在于其适用性广泛且可定制化，可以根据不同行业和废水的特性进行调整和优化。通过吸附处理，工业废水中的有害物质得以有效去除，从而降低了对环境的不良影响，保护了水资源的可持续利用。综上所述，吸附技术在工业废水处理中扮演着重要角色，为实现清洁生产和环境保护做出了重要贡献。

六、吸附与其他技术结合

吸附技术在废水处理中常常与其他方法相结合，以实现更全面的废水净化效果。这种综合应用能够充分发挥各种技术的优势，从而更有效地去除废水中的污染物，达到更高水平的净化效果。例如，将吸附技术与生物降解相结合，可以充分利用吸附剂对固体和有机污染物的高效捕捉能力，同时将废水中的可溶性有机物引导到生物降解系统中进行处理。这种组合可以在废水处理过程中去除不同类型的污染物，实现更彻底的净化效果，降低环境污染风险。此外，吸附技术还可以与化学处理方法相结合，如氧化还原、沉淀等，以应对废水中的多种污染物。通过综合运用这些技术，可以实现废水处理过程中的多重阶段净化，从而最大限度地提高废水质量，满足环境排放标准。

总而言之，工业废水吸附处理技术是一种有效的废水治理手段，通过合理选择吸附剂、优化吸附过程和再生方法，可以高效去除废水中的污染物，降低环境污染，为可持续发展作出贡献。需要注意的是，在实际操作中应根据废水的特性和处理需求，综合考虑吸附技术与其他处理方法的组合，以达到最佳的废水处理效果。

第五章　双碳背景下工业废水的
化学处理技术

第一节　中和处理技术

中和（Neutralization）是用化学法去除废水中过量的酸、碱，使其 pH 达到中性的过程，即利用酸碱中和原理来去除废水中的酸碱。

含酸废水和含碱废水是两种重要的工业废水，在化工厂、化学纤维厂、金属酸洗车间、电镀车间等制酸或用酸的过程中都会排出酸性废水；而在造纸厂、印染厂、化工厂和制革厂等制碱或用碱过程中往往产生不同浓度的碱性废水。在酸性废水中有的含有无机酸（如硫酸、盐酸、硝酸等），有的含有有机酸（如醋酸等）。酸碱废水如不经回收和处理，直接排入下水道，将会腐蚀渠道或构筑物，如果进入水体，会污染水体，危害水生动植物的生存。

含碱量大于 3% 的废水称高碱性废水，含酸量大于 5% ~ 10% 的废水称为高酸性废水，对此应当首先考虑中和利用或回收。例如，可以利用洗钢废水（硫酸为 3% ~ 5%，硫酸亚铁为 15% ~ 25%）制造硫酸亚铁，或直接作为混凝剂，也可以利用其酸性来中和处理碱性废水。又如，可以将废电石渣（含有氢氧化钙）投入含硫酸为 5% ~ 8% 的酸性废水中制造石膏，给硅酸盐制品厂制砖。

酸碱废水中低浓度部分，在没有找到经济有效的回收利用方法以前，必须用中和办法处理，常用的方法有三个方面：一是酸、碱废水互相中和，达到以废制废的目的；二是各自投加碱性或酸性药剂；三是通过起中和作用的滤料过滤。

一、中和过程机理及过程

废水中的酸和碱进行如下化学反应：

$$A\ 酸 + B\ 碱 = C\ 盐 + D\ 水 \qquad 反应（5-1）$$

其物质的量的关系为：

$$\frac{n_{酸}}{A} = \frac{n}{B} = \frac{n_{盐}}{C} = \frac{n_{水}}{D} \qquad （5-1）$$

反应（5-1）是一个简单的化学反应过程，中和药剂用量按式（5-1）计算，但由于废水中存在其他杂质，特别是一些重金属离子在酸性废水中共存，这些杂质也与酸或碱反应，使反应复杂化，所以所用酸碱量要比单纯酸碱中和剂量大得多。

所用反应器因处理方法不同而有差异，如酸碱废水互相中和反应，要求混合均匀，用完全混合反应器较好，也可用较大长宽比的活塞流反应器，使其有足够长的时间互相接触而混合均匀；投药中和反应，必须采用完全混合反应器；过滤中和反应，则要采用沸腾床反应器处理，当然亦可以采用固定式或流动式填充床反应器，但其处理效果不如沸腾床反应器好。

二、常用的中和处理技术

第一，酸碱废水互相中和。若酸性废水的含酸量为 n_1，碱性废水中的含碱量为 n_2，两种废水流量分别为 $Q_{酸}$ 和 $Q_{碱}$，则中和时要满足：

$$\frac{n_1}{A} = \frac{n_2}{B} \qquad （5-2）$$

中和槽容积为：

$$V = \left(Q_{酸} + Q_{碱}\right)t \qquad （5-3）$$

式中，如留为两种废水在中和槽中的停留时间，一般单级中和按停留时间约 1 ~ 2h 计算。

如果废水需要用水泵抽升，或有相当长的沟渠或管道可用，则不必设置中和槽。如果 $\dfrac{n_1}{A} \neq \dfrac{n_2}{B}$，则需要按需要补充酸或碱性药剂。

第二，加药中和。对于酸性废水，常用的碱性药剂有石灰、苛性钠、石灰石、白云石等，对于碱性废水，常用的酸性药剂有普通的硫酸、盐酸、硝酸，其中以硫酸居多，另外还有采用烟道气来中和碱性废水的，它是利用烟道气中二氧化碳和二氧化硫等酸性成分和碱发生中和反应，这种方法同时可以达到消烟除尘的目的，但处理后的废水中，硫化物、色度和耗氧量均有显著增加。

中和剂的投加量计算如下：

$$G = (K / p)\left(Qc_1a_1 + Qc_2a_2\right) \qquad (5\text{--}4)$$

式中，Q 为酸或碱性废水流量，m^3/d；c_1 为废水中酸或碱的含量，kg/m^3 为中和 1kg 酸或碱所需的药剂量，kg；c_2 为废水中与试剂反应的杂质的浓，kg/m^3；a_2 为与 1kg 杂质反应所需药剂量，kg；K 为考虑反应不均匀性或不完全的药剂过量系数；p 为药剂有效成分的百分含量，%。

第三，过滤中和。过滤中和是利用难溶性的中和药剂作原料，让酸性或碱性废水通过，达到中和目的。采用此法时，首先需对废水中悬浮物、油脂等进行预处理，以防堵塞；滤料颗粒直径不宜过大，颗粒越小则滤料的比表面积越大，和废水接触越充分；失效的滤渣要及时清理或更换；滤料的选择与中和产物的溶解度有密切关系，因为中和反应发生在滤料颗粒的表面，如果中和产物溶解度很小，在滤料表面形成不溶性硬壳，则会阻止中和反应。盐酸和硝酸的钙盐、镁盐的溶解度较大，因此对于含有盐酸或硝酸的废水，可将大理石、石灰石、白云石等粉碎到一定粒度作为滤料；碳酸盐的溶解度都较低，则在中和含有碳酸的废水时，不宜选用钙盐作为中和剂；硫酸钙的溶解度很小，硫酸镁的溶解度则较大，因此，中和含硫酸的废水最好选用含镁的中和滤料（如白云石等）或含镁的废渣。

也有利用酸性或碱性的废渣作为滤料的。例如，用酸性废水喷淋锅炉灰渣，就能获得一定的中和效果。

过滤中和常用的设备有普通中和滤池、升流式膨胀中和滤池。其中，普通中和滤池应用固定床形式，可采用平流式和竖流式，目前多采用竖流式。其中，竖流式又分为升流式和降流式，

第二节　化学沉淀处理技术

化学沉淀（Chemical Precipitation）是向废水中投加某种化学物质，使之与废水中某些溶解性污染物产生化学反应，生成难溶于水或不溶于水的化合物而沉淀下来的过程。

通常把溶解度小于100mg/L的物质称为不溶物，确切地说应称为难溶物。用溶度积常数 K_{sp} 的大小来表示某化合物的溶解度大小，K_{sp} 越小，表示该化合物溶解度越小。化合物在水溶液中存在以下溶解平衡：

$$xM^{y+}+yN^{x-} \rightleftharpoons M_xN_y（固）\qquad 反应（5-2）$$

则：

$$K_{sp}=[M^{y+}]^x \cdot [N^{x-}]^y \qquad （5-5）$$

当溶液中存在以下关系，$[M^{y+}]^x \cdot [N^{x-}]^y > K_{sp}$ 时，表明溶液中该盐处于过饱和状态，超过饱和的部分离子将以沉淀形式析出。而在 $[M^{y+}]^x \cdot [N^{x-}]^y > K_{sp}$ 时，表明该盐在溶液中尚未达到饱和，则盐从固体形态向溶液中转移，如果没有沉淀形式的盐，则溶液保持平衡。

K_{sp} 的大小受很多因素影响，分析和认识这些影响因素，对控制沉淀过程有着重要的意义。

第一，化合物的本身特性。不同的药剂与废水中的污染物生成的沉淀物溶解度大小不一，因此，对于某种污染物，要选择能生成 K_{sp} 尽量小的化学药剂作为沉淀剂，要在不同的化合物中加以选择。

第二，废水pH。pH为生成物取得最小溶解度的外在条件。对于氢氧化物沉淀法而言，废水的pH为沉淀过程的重要条件，必须选择最佳pH来控制沉淀过程。

第三，盐效应。在弱电解质、难溶电解质和非电解质的水溶液中，加入不同离子的无机盐，能改变溶液的活度系数，从而改变离解度或溶解度，这一效应称为盐效应。如果在废水中有其他可溶性盐类存在，将增加难溶化合物的溶解度。溶液的离子强度越大，沉淀组分的离子电荷越高，盐效应越明显。即溶液中的离子总数增大，离子之间的静电作用增强，沉淀表面碰撞的次数减小，使沉淀过程速度变慢，平衡向沉淀溶解的方向移动，故难溶物质溶解度增加。在废水中存在杂质盐类十分普遍，这对采用沉淀法处理废水是不利的，因此，在投加沉淀剂时要考虑到盐效应的影响。

第四，同离子效应。在难溶化合物饱和溶液中，如果加入有同离子的强电解质，则沉淀－溶解平衡向着沉淀方向移动，使难溶化合物溶解度降低。在废水处理中可以利用同离子效应，通过加入过量沉淀剂或另加同离子的其他化合物来达到这一目的。

第五，不利的副反应伴生由于废水中成分复杂，加入的沉淀剂和污染物有可能发生配合反应、氧化还原反应、中和反应等，消耗了沉淀剂或和组分离子生成可溶性化合物，从而降低了沉淀法处理的效果，因此，在选择沉淀剂种类和反应剂量时，要考虑上述不利副反应的发生。

根据沉淀剂种类的不同，化学沉淀处理工艺可以分为氢氧化物法、硫化物法、钡盐法等。

一、氢氧化物沉淀技术

除了碱金属和部分碱土金属外，其他金属的氢氧化物大多数是难溶的，因此可以用氢氧化物沉淀法去除金属离子。对重金属的去除效果更好一些。常用的沉淀剂有石灰、碳酸钠、苛性碱、石灰石、白云石等，来源丰富，价格低廉。

采用氢氧化物沉淀法时，对于溶度积为 K_{sp} 的氢氧化物 M（OH）n 来说，在废水中存在以下平衡关系：

$$M^{n+} + nOH^- \rightleftharpoons M(OH)_n \qquad 反应（5-3）$$

$$H^+ + OH^- \rightleftharpoons H_2O(aq) \qquad 反应（5-4）$$

其中：

$$K_{sp} = \left[M^{n+} \right] \cdot [OH]^n \qquad (5-6)$$

$$K_w = \left[H^+ \right] \cdot \left[OH^- \right] = 10^{-14} \qquad (5-7)$$

则废水中氢离子浓度为：

$$\left[H^+ \right] = \frac{K_w}{\left[OH^- \right]} = \frac{10^{-14}}{\left(K_{sp} / \left[M^{n+} \right] \right)^{\frac{1}{n}}} \qquad (5-8)$$

对等式两边取负对数得：

$$pH = 14 - \frac{1}{n} \left(\lg \left[M^{n+} \right] - \lg K_{sp} \right) \qquad (5-9)$$

即：

$$\lg \left[M^{n+} \right] = \lg K_{sp} + n pK_w - n pH \qquad (5-10)$$

由式（5-10）可知：

第一，金属离子的浓度相同时，K_{sp} 越小，开始析出氢氧化物沉淀物时的 pH 越低。

第二，对于同一金属离子，其浓度越大，开始析出沉淀物时的 pH 越低。

二、硫化物沉淀技术

大多数过渡金属的硫化物都难溶于水，因此可用硫化物沉淀法去除废水中的重金属离子。各种金属硫化物的溶度积相差悬殊，同时溶液中 S^{2-} 离子浓度受 H^+ 浓度的制约，所以可以通过控制酸度，用硫化物沉淀法把溶液中不同金属离子分步沉淀而分离回收。硫化物沉淀法常用的沉淀剂有 H_2S、Na_2S、$NaHS$、$(NH_4)_2S$、MnS 和 FeS 等。在金属硫化物沉淀的饱和溶液中，存在以下平衡：

$$M_2S_n \rightleftharpoons 2M^{n+} + nS^{2-} \qquad 反应（5-5）$$

$$K_{sp} = \left[M^{n+} \right]^2 \cdot \left[S^{2-} \right]^n \qquad （5-11）$$

硫化物存在溶解平衡的同时，溶液中还存在着硫化氢的电离平衡，其电离方程式如下：

$$H_2S \rightleftharpoons H^+ + HS^- \qquad 反应（5-6）$$

$$HS^- \rightleftharpoons H^+ + S^{2-} \qquad 反应（5-7）$$

电离常数分别为：

$$K_1 = \frac{\left[H^+ \right]\left[HS^- \right]}{\left[H_2S \right]} = 9.1 \times 10^{-8} \qquad （5-12）$$

$$K_2 = \frac{\left[H^+ \right]\left[S^{2-} \right]}{\left[HS^- \right]} = 1.2 \times 10^{-15} \qquad （5-13）$$

由式（5-11）、式（5-14）和式（5-15）可得：

$$\left[M^{n+} \right] = \left[K_{sp} \left(\frac{\left[H^+ \right]^2}{1.1 \times 10^{-22} \left[H_2S \right]} \right)^n \right]^{\frac{1}{2}} \qquad （5-14）$$

0.1MPa、25℃的条件下，硫化氢在水中的饱和浓度为 0.1mol/L（pH＜6），因此：

$$\left[M^{n+} \right] = \left[K_{sp} \cdot \left(\frac{\left[H^+ \right]^2}{1.1 \times 10^{-23}} \right)^n \right]^{\frac{1}{2}} \qquad （5-15）$$

由此可见，由于加入的硫化物在废水中发生水解，S^{2-} 水解为 HS^- 或 H_2S，而水解程度与废水的 pH 密切相关，该沉淀法处理过程中受 pH 的影响较大。酸性条件下，S^{2-} 主要以硫化氢分子存在，只能沉淀溶度积极小的金属离子；而在碱性条件下，硫主要以，S^{2-}形态存在，可以把溶度积较大的金属离子沉淀下来，因此，通过调节废水 pH，可以将不同金属离子分步沉淀下来。对于单一金属离子而言，出水中的金属离子浓度随着 pH 的升高而降低。

虽然硫化物法能够比氢氧化物法更完全地去除金属离子，但是由于它的处理费用较高，而且硫化物的沉淀困难，常需要投加絮凝剂，将细小的硫化物沉淀吸附在絮体表面，与絮体共同沉淀，以加强去除效果。

硫化物沉淀法主要用于无机汞的去除，在处理含 Cu^{2+}、Zn^{2+}、Cd^{2+} 和 Pb^{2+} 等废水时也均有应用，由于采用了分步沉淀过程，泥渣中各金属基本得以分离，便于回收利用。但是要注意控制沉淀剂的用量，防止水的硫化物污染。

三、碳酸盐沉淀技术

碳酸盐沉淀已经广泛应用于给水的硬水软化处理中。碱土金属（Ca、Mg 等）和重金属（Mn、Fe、Co、Ni、Cu、Zn、Ag、Cd、Pb、Hg、Bi 等）的碳酸盐都难溶于水，在废水处理中，主要用于去除重金属离子，根据处理对象不同，分别有以下两种应用方式：

第一，投加难溶碳酸盐，如碳酸钙，利用沉淀转化原理，使废水中重金属离子，如 Pt^{2+}、Cd^{2+}、Zn^{2+}、Ni^{2+} 等离子，生成溶解度更小的碳酸盐沉淀，从而去除废水中重金属离子。

第二，投加可溶性碳酸盐，如碳酸钠，使水中金属离子生成难溶性盐析出，这种方式用于废水中重金属离子的去除，在给水中碳酸盐硬度的降低也是采用这种处理方式的。

由于碳酸钙、碳酸钠、氧化钙等比较便宜，因此此法应用也较为广泛。

四、有机试剂沉淀技术

利用有机试剂和废水中有机或无机污染物作用产生沉淀而去除污染物的方法。如有机废水中的含酚废水，可用甲醛作沉淀剂，将苯酚缩合成酚醛树脂而沉淀析出，此法对于酚来说，回收率可达 99.2%。

有机试剂沉淀技术去除污染物效果好，但试剂昂贵，同时为避免有机试剂过量造成的二次污染，必须对有机试剂用量进行精确计算。

在化学沉淀过程中，一般会涉及多种沉淀过程的发生，污泥量的计算尤为关键，下面以石灰去除磷酸盐的过程为例，介绍污泥量计算过程。

第三节　氧化还原处理技术

氧化还原（Oxidation-reduction Reaction），通过向废水中投加药剂（氧化剂或还原剂），使之与废水中的污染物发生反应并得以去除的过程。废水中溶解性有害物质，可以利用其氧化、还原的性质，转化为无毒无害的新物质或转化为能从废水中分离出来的形态（如气态或固态）而去除。"氧化还原过程可以通过投加化学药剂来完成，也可以通过电化学过程来达到"[1]。下面将从氧化还原的基本理论开始，详细叙述空气湿式氧化、氯氧化和臭氧氧化三个部分，对电化学氧化也作一些讨论。由于还原过程在废水处理中有一定的局限性，主要用于含金属离子的废水处理，因此仅作简要分析。

一、氧化还原过程的原理

氧化还原过程建立于氧化、还原反应，该反应的实质是反应物的离子或原子在反应中失去或得到电子的结果。在化学反应过程中无机化合物的电子得失和有机化合物的电子偏移，形成了"氧化数"的概念，因此，氧化数是一种原子所具有的价电子数或偏移的电子数。

离子具有同它们电荷数相同的氧化数；有机化合物中的原子的氧化数是原子中的电子在化合物中的偏移数。

由于氧化还原反应中化合物的电子有得有失，它们的氧化数也有增有减，因此，氧化数的升高的化学反应，为氧化反应，所经历的过程为氧化过程；反之，氧化数减少的反应和过程为还原反应和还原过程。

用氧化数的高低来说明某物质处于氧化态还是还原态。一种物质氧化数高的形态称为聿化态；反之，称为还原态。在反应过程中，还原剂被氧化，氧化剂被还原，氧化还原过程必同时伴随发生。

氧化还原反应能否顺利进行，主要由氧化剂和还原剂双方的氧化还原能力对比情况来决定。氧化还原能力是指某化合物失去或取得电子的难易程度，

---

① 郭宇杰，修光利，李国亭．工业废水处理工程 [M]. 上海：华东理工大学出版社，2016：134.

用氧化还原电位来表征它。由于氧化还原电位与溶液中物质呈氧化态和还原态时的浓度有关，因此随着氧化还原反应的不断进行，溶液中参加氧化还原反应的两物质浓度在不断变化。因此，它们的电极电位也在不断地变化，当 $E_1=E_2$ 时，称为等点电位，也就是化学反应达到平衡。

氧化还原进行的速度一般来说要比酸碱中和反应慢，影响氧化还原反应速度的因素主要有以下方面：

第一，氧化剂或还原剂的性质。

第二，氧化剂或还原剂参与反应时的浓度。一般来说，浓度越高，反应速度越快。

第三，温度。对大多数氧化还原反应来说，升高温度对反应有利，符合阿伦尼乌斯方程：

$$\frac{\mathrm{d}(\ln k)}{\mathrm{d}T} = \frac{-E_\mathrm{a}}{RT^2} \tag{5-16}$$

式中，k 为反应速率常数；E_a 为反应活化能；T 为反应时绝对温度；R 为理想气体常数。

第四，催化剂与杂质的存在。催化剂加速氧化还原反应，而杂质往往对氧化还原反应不利。

第五，溶液的 pH。由于溶液的 pH 影响溶液中物质存在的状态和数量，同时 H^+ 和 OH^- 都能直接参与氧化还原反应，有时还能作为催化剂，因此，pH 对氧化还原反应速度影响很大。

二、高级氧化工艺技术

高级氧化工艺（Advanced Oxidation Processes，AOPs），通过产生羟基自由基来对废水中不能被普通氧化剂氧化的污染物进行氧化降解的过程。该工艺主要用于氧化废水中难以生物降解的复杂有机污染物。很多情况下，化学氧化并没有将一种或一组化合物完全氧化，而是通过部分氧化提高其可生化性或降低其毒性。高级氧化过程中，有机污染物存在以下四种降解可能性：

第一，初步降解：改变原始化合物的结构。

第二，降低毒性：使原始化合物结构发生变化以达到降低其毒性的目的。

第三，完全降解（矿化）：使有机碳转化为无机物 CO_2。

第四，不可接受的降解（有害化）：氧化过程使原始化合物结构发生变化，毒性增大。

（一）高级氧化理论

高级氧化工艺一般涉及发生和利用游离羟基 $HO\cdot$ 作为强氧化剂破坏常规氧化剂不能氧化的化合物。游离羟基是目前已知的除氟外最具活性的氧化剂之一。游离羟基与溶解性组分反应时，可激活一系列氧化还原反应，直至该组分被完全矿化。游离羟基几乎可以不受任何约束地将现存的还原性物质氧化成为特殊化合物或化合物的基团。在这些化学反应中不存在选择性并且可在常温常压下操作。

高级氧化工艺与其他物化处理工艺不同，经过高级氧化处理后，废水中化合物被降解而非被浓缩或转移到其他相中。

（二）用于产生游离羟基（$HO\cdot$）的技术

目前，已有很多技术可在液相条件下生产 $HO\cdot$，按照反应过程中是否使用臭氧，在各种 $HO\cdot$ 生产的技术中，只有臭氧／紫外线，臭氧／过氧化氢，臭氧／紫外线／过氧化氢以及过氧化氢／紫外线等技术处于工业化应用中。

第一，臭氧／紫外线可用下列臭氧的光解作用来解释利用紫外线生产游离羟基 $HO\cdot$ 的过程。同时，在湿空气中通过臭氧的光解作用会生成游离羟基，而在水中，则生成过氧化氢，随后过氧化氢光解生成游离羟基，臭氧用于后者时，其费用非常昂贵。在空气中，臭氧／紫外线工艺可以通过臭氧直接氧化、光解作用或羟基化作用，使化合物降解。当化合物通过紫外线吸收并与游离羟基基团反应发生降解时，利用臭氧／紫外线工艺比较有效。

第二，臭氧／过氧化氢。对于不可吸收紫外线的化合物，采用臭氧／过氧化氢高级氧化工艺，可能是比较有效的处理方法。例如，利用过氧化氢和臭氧产生 $HO\cdot$ 的高级氧化处理工艺可以显著降低废水中三氯乙烯（TCE）和过氯乙烯（PCE）类氯化合物的浓度。

第三，过氧化氢／紫外线。当含有过氧化氢的水暴露于紫外线（200～280nm）中，也会形成羟基基团。过氧化氢的分子消光系数很小，不能有效利用紫外线的能量，同时要求高浓度过氧化氢，因此，并不是所有情况均适用过氧化氢／紫外线工艺。

（三）高级氧化工艺的应用技术

高级氧化工艺由于产生羟基基团所需要的臭氧或（和）过氧化氢的成本很高，所以通常应用于 COD_{Cr} 浓度较低的废水处理中。下面探讨高级氧化工艺在废水消毒及难降解有机化合物处理中的应用方法。

第一，消毒。高级氧化中产生的游离羟基是一种很强的氧化剂，因此理论上可以氧化或杀死水中微生物。但非常遗憾的是，游离羟基基团的半衰期仅为微秒级，所以在水中不可能达到较高的浓度，也不能满足杀灭微生物时停留时间的要求，在水消毒中禁止使用游离羟基。

第二，难降解有机化合物的处理。废水中一旦产生羟基基团，可以通过基团加成、脱氢、电子转移及基团结合破坏难降解有机物分子。一是加成反应羟基基团与不饱和脂肪族或芳香族有机化合物的加成反应会生成带羟基基团的有机化合物，这类化合物可被氧化亚铁类化合物进一步氧化生成稳定的氧化型最终产物。二是脱氢反应羟基基团从有机化合物分子上脱除一个氢原子，导致生成一种带有电子对的有机化合物基团，这种有机化合物与氧反应可以激发一种链式反应，产生某种过氧基团，继续与另一种化合物反应。三是电子转移电子的转移形成高价离子，一价负离子的氧化可以生成原子或游离基团。四是游离基团结合两个游离基团结合在一起，会形成一种稳定产物。一般而言，在一个完全反应中，羟基基团与有机化合物的反应会生成水、二氧化碳及盐，这一过程也称为矿化。

三、焚烧处理技术

通常将 $BOD_5 > 1000mg/L$，$COD_{Cr} > 2000mg/L$ 的废液称为高浓度有机废水。工业有机废水的来源十分广泛，从城市生活废水到石油化工、冶金、造纸、制革、发酵酿造、制药、纺织印染工业废水。随着工业的迅速发展和工业规模的不断扩大，有机废液呈现出数量多、浓度高、毒性大的趋势。有机废液种类繁多，根据物化性质可以分为以下三种：①不含卤素的有机废液，主要指碳氢化合物，含有 C、H、O，有时还含有 S。废液自身可作为燃料，燃烧时产生 CO、H_2O 和 SO_2，其产生的热量可以通过锅炉或余热锅炉回收。②含卤素有机废液，废液中的有机化合物包括 CCl_4、氯乙烯、溴甲烷等。废液焚烧可产生单质卤素或卤化氢（HF、HCl、HBr 等），根据需要可将其回收或去除。③高浓度含盐有机废液，含有高浓度无机盐或有机盐。在设计时需要考虑的因素有耐火材料、燃烧温度的选择以及停留时间的确定。由于该类废液通常热值较低，需要辅助燃料以达到完全燃烧。

高浓度有机废液的主要处理方法有生化降解法、高级氧化法、湿式氧化法和焚烧法等。生化降解法对废液浓度比较敏感，适合对 BOD，值较高的废液进行处理，但处理后废水的 COD 仍然较高；高级氧化法对设备要求非常高，且在超临界状态下材料存在严重的腐蚀问题；湿式氧化法能耗高，要求设备耐高温、高压和腐蚀，处理量小。高浓度有机废液的可生化性差，使用上述常规方法很难处理。

（一）焚烧处理原理

废水处理中的焚烧处理 [a] 是在高温下用空气深度氧化处理废水中有机物的有效手段，也是高温深度氧化处理有机废水最易实现工业化的方法。焚烧法既可以焚烧掉有害物质，又可以回收利用余热，降低处理成本，达到减量化、无害化、资源化的目的。一般说来，当 COD_{cr} 大于 100g/L、热值大于 1.05×10^4kJ/kg 废水时，用焚烧技术要比其他技术更加合理、更加经济。

（二）有机废液焚烧处理技术

1. 预处理技术

由于有机废液的来源及成分不同，通常都要进行预处理使其达到燃烧要求。

（1）一般的有机废液中都含有固体悬浮颗粒，而有机废液常采用雾化焚烧，因此在焚烧前需要过滤，去除有机废液中的悬浮物，防止固体悬浮物阻塞雾化喷嘴，使炉体结垢。

（2）不同工业废液的酸碱度不同。酸性废液进入焚烧炉会造成炉体腐蚀，而碱性废液更易造成炉膛的结焦结渣。因此有机废液在进入焚烧炉前需进行中和处理。

（3）低黏度的有机废液有利于泵的输送和喷嘴雾化，所以可采用加热或稀释的方法降低有机废液的黏度。

---

① 废水处理中的焚烧处理是指在高温条件下，有机废水中的可燃组分与空气中的氧发生剧烈化学反应，释放能量，产生固体残渣。

（4）喷液、雾化过程在废液焚烧过程中十分重要。雾化喷嘴的大小、嘴形直接关系到液滴的大小和液滴凝聚。因此需要选好合适的喷嘴和雾化介质。

（5）不适当的混合会严重限制某些能作为燃料资源的废物的焚烧，合理的混合能促进多组分废液的焚烧。混合组分的反应度和挥发性是提高混合方法效果的重要因素，混合物的黏性也十分重要，因为它影响雾化过程。合理的混合方法可以减少液滴的微爆现象。

2. 高温焚烧技术

有机废液的焚烧过程大致分为水分的蒸发、有机物的汽化或裂解、有机物与空气中氧的燃烧反应三个阶段。焚烧温度、停留时间、空气过剩量等焚烧参数是影响有机废液焚烧效果的重要因素，在焚烧过程中要进行合适的调节与控制。

（1）大多数有机废液的焚烧温度为 900 ~ 1200℃，最佳的焚烧温度与有机物的构成有关。

（2）停留时间与废液的组成、炉温、雾化效果有关。在雾化效果好，焚烧温度正常的条件下，有机废液的停留时间一般为 1 ~ 2S。

（3）空气过剩量的多少大多根据经验选取。空气过剩量大，不仅会增加燃料消耗，有时还会造成副反应。一般空气过剩量选取范围为 20% ~ 30%。

3. 焚烧炉的焚烧技术

焚烧炉是焚烧技术的关键设备。目前常用的炉型有液体喷射焚烧炉、回转窑焚烧炉和流化床焚烧炉。

（1）液体喷射焚烧炉。有机废液为可燃性的液态或浆状废液而且可以用泵输送时，可以采用液体喷射焚烧炉。它通常将低热值的废水与液体燃料掺混至混合液的热值大于 $1.86 \times 10^4 kJ/kg$，然后通过雾化器送入焚烧室焚烧。良好的雾化是达到有害物质充分燃烧的关键，可以用蒸汽或机械雾化。液体燃烧温度一般为 800 ~ 1200℃，在燃烧室的停留时间为 0.3 ~ 2s。液体喷射焚烧炉分为卧式和立式两种。卧式液体喷射焚烧炉处理的有机废液含灰量很少。有机废液含较多无相盐和低熔点灰分时多采用立式液体喷射焚烧炉。这种焚烧系统结构简单，建设费用低，但是对废液热值和雾化质量要求高，焚烧低热值废液时用油或天然气助燃使运行成本增大，烟气中 NCX 含量也较高，需要采用合适的控制措施。

（2）回转窑焚烧炉。回转窑焚烧炉一般采用两段焚烧工艺：一段炉是可调速的回转圆筒式炉体；二段炉为立式炉。工业废液、活性污泥在炉内多呈表面燃烧方式，回转炉的翻腾作用使废物不断得以搅拌，连续暴露新表面，能加快燃烧速度。炉中燃烧温度平均为 700 ~ 1300℃，在燃烧室的停留时间为 1 ~ 3s，处理固态、液态和气态可燃性废物都可采用该种炉型，对给料的适应性好，适合商业化运行，在德国等欧洲国家多采用回转窑焚烧炉焚烧废液，美国危险废物的焚烧也多采用该种炉型。其操作稳定，焚烧安全，但结构复杂，运动部件多，投资费用高。由于其炉膛内不能有效地除去焚烧产生的有害气体，通常还需增加燃烬室。

（3）流化床焚烧炉。流化床焚烧炉的燃烧室由上部稀相区和下部密相区组成。其工作原理是流化床密相区床层有大量惰性床料（如煤灰、砂子等），其热容量很大，能满足有机废液的蒸发、热解、燃烧所需要的大量热量的要求。密相区床层呈流化状态，传热良好，温度均匀稳定，能维持 800 ~ 900℃。密相区未燃尽成分进入稀相区可继续燃烧，所以燃烧非常充分，有机物的去除率最高可达 99.999%。流化床焚烧炉根据空气在床内空截面的速度不同，分为两种炉型：速度为 1 ~ 3m/s 时为鼓泡床；空气速度为 5 ~ 6m/s 时，使物料实现循环，称为循环床。

流化床焚烧炉是目前废液焚烧中最常见的一种废液焚烧炉，适合焚烧各种水分含量和热值的废液。流化床焚烧炉的废物适应性好，燃烧稳定且焚烧效率高，设备结构紧凑，占地面积小，事故率低，重金属排放量低，能够满足苛刻的环保要求。但是当有机废液含碱金属盐类时，容易在床层内形成熔点为 635 ~ 815℃的低熔点共晶体或黏性很强的 Na_2SiO_3，导致床料结焦，流化失效。

4. 余热回收装置技术

余热回收装置并不是废液焚烧炉的必要组件，其是否安装取决于焚烧炉的产热量，产热低的焚烧炉安装余热回收装置是不经济的。废热回收设计还需考虑废液燃烧产生的 HCl、SO_2 等物质的露点腐蚀问题，要控制腐蚀条件，选用耐腐蚀材料，保证其不进入露点区域。

5. 烟气处理技术

有机废液多含有氮、磷、氯、硫等元素，焚烧处理后会产生酸性气体。因此，焚烧装置必须考虑二次污染问题。美国 EPA 要求所有焚烧炉必须达到三条标准：①主要危险物 P、H、C 等的分解率、去除率不低于 99.9999%；②颗粒物排放浓度 34 ～ 57mg/dscm；③烟气中 HCl 和 Cl 比值为 21 ～ 600ppm，干基，以 HCl 计。

第六章　双碳背景下工业废水的物理化学处理技术

第一节　混凝与气浮处理技术

一、混凝处理技术

混凝[①]是工业废水经常采用的一种处理方法，其主要处理对象是水中的微小悬浮物、乳状油和胶体杂质。

（一）胶体的稳定性及脱稳

1. 胶体的稳定性

胶体微粒都带有电荷，胶粒在水中的相互作用受到以下三方面的影响：

（1）带相同电荷的胶粒产生静电斥力，而且电动电位愈高，胶粒间的静电斥力愈大。

（2）水分子热运动的撞击，使微粒在水中做不规则的运动，即布朗运动。

（3）胶粒之间还存在着相互引力——范德瓦尔斯力。当分子间距较大时，此引力略去不计。由于三种作用中第一种最强烈，同时，带电胶粒将极性水分子吸引到它的周围形成一层水化膜，同样能阻止胶粒间相互接触，故胶体微粒不能相互聚结而长期保持稳定的分散状态。

---

① 混凝（Coagulation）是通过投加药剂破坏胶体及悬浮物在废水中形成的稳定分散体系，使其聚集并增大至能自然重力分离的过程。

2. 胶体的脱稳

使胶体失去稳定性的过程称为脱稳。可以通过四种不同的作用来达到胶体脱稳。

（1）电性中和与双电层压缩作用。通过向胶体中投加电解质，增加溶液主体中的离子强度，新增的反离子与扩散层内原有的反离子之间的静电斥力，把原有的反离子挤压到吸附层内，扩散层被压缩，ζ电位迅速降低，两颗粒双电层受压缩的胶粒间范德瓦尔斯力起主要作用，小颗粒结合成大的颗粒，这种能使胶体颗粒脱稳和相互聚结，从而使其快速沉降或更易过滤的药剂称为混凝剂（Coagulant）。在混凝过程中，胶粒和混凝剂本身也结合成大颗粒，这样在双重作用下，胶体脱稳而聚集起来。但如果投加的剂量过大，会造成胶粒电性反逆而出现复稳现象。

（2）絮体－网捕共沉淀作用。絮凝剂的金属离子水解，水解产物迅速沉淀析出，或使胶体作为晶核析出。此时絮体具有较大的比表面积，能吸附网捕胶体而共同沉淀下来，在吸附、网捕过程中，胶体不一定脱稳，即能被卷带网罗除去。一般而言，废水中胶粒越多，网捕－共沉淀的速度也越快，因此，胶体物质的数量越大，这种金属离子的絮凝剂投加量反而越少。可见，废水中胶体浓度越大，投加的絮凝剂的剂量不一定相应地增加，必须寻找最佳絮凝剂投加量，一般要通过小试确定。

（3）桥连作用。当采用链状高分子聚合物作絮凝剂时，在这种分子上，具有能与胶粒表面某些点位起作用的化学活性基团，这些活性基团在水溶液中从主链上伸展进入水中，通过范德瓦尔斯力、氢键和配合作用等，胶粒被吸附在这些活性基团上，因此，有机絮凝剂分子上的活性基团越多，能吸附的胶粒也越多，往往一个分子能吸附多个胶粒，这种现象称为桥连作用。在这种絮凝剂作用下，胶体的去除不是通过胶粒间直接接触，而是通过絮凝剂高分子长链作为桥梁将其连接起来，而使絮体长大，沉降下来。为增加高分子絮凝剂与胶粒之间的接触，往往在絮凝过程中加以搅拌，但搅拌也要适当，搅拌过于剧烈时，高分子絮凝剂的二次吸附，会使胶体复稳。

（4）去溶剂化作用。由水化或溶剂化作用形成的胶体，只要设法除去外层水壳（或称水化膜），即可压缩扩散层，进而压缩双电层，使胶体脱稳。一般可以加入固体电解质，固体溶解时需要水分，同时电解质离子在与胶粒电性中和时，使两胶粒靠近而挤出水分，破坏了水化膜。

（二）凝聚动力学分析

凝聚动力学是描述絮体形成过程及其速度问题。絮体的形成一般可以分成三个阶段：第一阶段为金属离子的水解反应形成分子态的高分子聚合物，这一过程的反应速率甚快，形成高分子化合物所需的时间与凝聚物形成的时间相比是极短的。第二阶段是高分子的聚集和高分子化合物延伸。当胶体由于布朗运动而迅速运动时，促使了颗粒间的相互接触而聚集，形成了较大的颗粒。随着颗粒增大，质量也增加，扩散速度降低，最后颗粒一直增大到约1μm，扩散速度变得可以忽略不计，为进一步聚集而增加颗粒的尺寸直至达到自由沉淀，则必须外界提供机械混合才行。布朗运动引起的聚集只需6～10s。对于第一和第二阶段，温度对它们的速率均有影响，即温度影响水解反应和布朗运动，如果反应速率快，温度的影响就显得不重要了，但对于一些絮凝剂，在低温下，水解速度极慢时，如在寒冷地区，冬天使用明矾或氯化铝，絮凝效果极差，这时就要考虑温度的影响。第三阶段为颗粒靠液体的运动聚集到一起。液体中任一点颗粒聚集速率都与该点的速度梯度成正比，因此液体的运动状态对聚集作用有很大的影响，对于反应器内某一特定的流动状态，聚集的速率正比于混合速率，当然此速率不能大到使已经形成的絮凝颗粒破碎的程度。

（三）混凝剂及其助凝剂

为使胶体混凝而投加的化学药剂称为混凝剂或助凝剂。混凝剂和助凝剂可分为以下类别：

第一，无机类：低分子的有铝盐、铁盐、镁盐、锌盐，高分子的有阳离子型聚合氯化铝、聚合硫酸铝和阴离子型的活化硅酸。

第二，有机类：阳离子型的有聚乙烯酰胺、水溶性苯胺树脂等；阴离子型的有羧甲基纤维素钠；非离子型的有淀粉、水溶性尿素树脂；两性型的有动物胶、蛋白质等。

第三，pH调整剂：石灰、碳酸钠、苛型碱、盐酸、硫酸等。

第四，辅助剂：高岭土、膨润土等。一是铝盐－聚合氯化铝。聚合铝并不是单一分子的化合物，而是由不同聚合度和聚合形态的化合物组成的。二是活化硅酸的助凝作用。当单独使用混凝剂不能达到预期效果时，为改善混凝条件和效果所投加的辅助药剂，称为助凝剂。助凝剂对混凝过程的强化主要表现在加速凝聚过程，加大絮体的密度或质量，起黏结架桥作用，充分发挥吸附作用，提高澄清效果，等等。

活化硅酸是由硅酸钠经活化过程制备的，实际上是一种离子型无机高分子电解质。

（四）影响混凝效果的因素

影响混凝效果的因素较复杂，主要有水温、水质和水力条件等。

第一，水温。水温对混凝效果有明显的影响。低温时，水解速率非常缓慢，废水黏度大，胶体颗粒水化作用增强。以上结果均不利于脱稳胶粒相互絮凝。通常絮凝体形成缓慢，絮体颗粒细小、松散，进而影响后续的沉淀处理的效果。改善的办法是增加混凝剂投加量和投加高分子助凝剂，或是用气浮法代替沉淀法作为后续处理。

第二，pH。废水的 pH 对混凝的影响程度视混凝剂的品种而异。低分子无机盐如铝盐或铁盐作混凝剂时效果受 pH 的影响较大。水解时需要消耗大量的 OH^-，当溶液中 OH^- 不足时，影响絮凝剂水解的程度，往往需要投加石灰以补充水体碱度。高分子混凝剂尤其是有机高分子混凝剂，混凝的效果受 pH 的影响较小。

第三，水中杂质的成分、性质和浓度。水中杂质的成分、性质和浓度都对混凝效果有明显的影响。从混凝动力学方程可知，水中悬浮物浓度很低时，颗粒碰撞速率逐渐减小，混凝效果差。为提高低浊度废水的混凝效果，通常采用以下措施：①在投加混凝剂的同时，投加高分子助凝剂，如活化硅酸或聚丙烯酰胺等；②投加矿物质颗粒（如黏土等）以增加混凝剂水解产物的凝结中心，提高颗粒碰撞速率并增加絮体密度。如果矿物颗粒能吸附水中有机物，效果更好。如投入颗粒尺寸为 $500\mu m$ 的无烟煤粉，比表面积约为 $92cm^2/g$，同时起到吸附和加强絮凝的效果。③采用直接过滤法。④采用混凝沉淀返流的方式，提供絮体生成时所需的晶核。如果原废水中悬浮物浓度过高，为使悬浮物达到脱稳效果，所需混凝剂也将增加，通常投加高分子助凝剂。因影响混凝效果的因素比较复杂，在生产和实用上，主要靠混凝试验来选择合适的混凝剂和最佳投量。

第四，混凝剂种类与投加量。混凝剂的种类与投加量对混凝效果会产生较大影响。混凝剂的选择主要取决于废水的性质，如废水中胶体和细微悬浮物的特性、浓度、电性等。对于混凝剂的最佳投药量，则需要通过试验进行确定。此外，若两种或多种混凝剂混合使用时，混凝剂的投加顺序在某些时候也会影响混凝效果。最佳投加顺序可通过试验来确定。一般而言，当无机混凝剂与有机絮凝剂并用时，先投加无机混凝剂，再投加有机絮凝剂。

第五，水力条件。混凝过程中的水力条件对絮凝体的形成影响极大。整个混凝过程可以分为两个阶段：混合和反应。水力条件的配合对这两个阶段非常重要。其中两个主要的控制指标是搅拌强度和搅拌时间。对于无机混凝剂，混合阶段要求快速和剧烈搅拌，在几秒钟或一分钟内完成；对于高分子混凝剂，混合反应可以在很短的时间内完成，而且不宜进行过分剧烈的搅拌。反应阶段要求搅拌强度或水流速度应随着絮凝体的结大而逐渐降低，以免结大的絮凝体被打碎。

（五）混凝处理的工艺技术

1. 混凝处理的工艺流程

首先向废水中投加混凝剂，并剧烈搅拌，使混凝剂和废水中胶体污染物充分混合、接触、碰撞，混凝剂发生水解反应，生成高分子的聚合物。这个阶段的速度梯度 G 一般在 $700 \sim 1000s^{-1}$。这个过程在混合池内进行；然后充分混合的混凝剂和废水进入絮凝反应池，此时，混凝剂的水解反应已经完成，絮体继续长大，并通过吸附、架桥、网捕等作用，充分和污染物结合在一起，这个过程要防止剪切力过大而破坏已经长大的絮体，即在絮凝阶段，速度梯度 G 一般为 $20 \sim 70s^{-1}$；最后充分形成的絮体和污染物形成共沉淀，在沉降池中发生沉降或在气浮池中上浮，从废水中分离出来。

在一些特殊的工艺中，如采用水力漩流器的方式可以达到絮凝剂与废水充分混合的目的，即可以省略初混池，有时后续采用过滤工艺，如在深度处理工艺中，进水中悬浮物含量很少，药剂投加量可以在较少的条件下，通过快速过滤的方法完成絮体的生长和对污染物的吸附、去除，这样就综合了絮凝反应池和沉降池的作用。

2. 混凝处理的工艺设备

（1）混凝剂溶解和配制。混凝剂投加分为固体投加和液体投加两种方式。前者我国很少应用，通常将固体溶解后配制成一定浓度的溶液投入水中。

（2）混凝剂投加。混凝剂投加设备包括计量设备、药液提升设备、投药箱、必要的水封箱以及注入设备等。不同的投药方式或投药计量系统所用设备也不同。

第一，计量设备。药液投入原水中必须有计量或定量设备，并能随时调节。计量设备多种多样，应根据具体情况选用。计量设备有虹吸定量设备、孔口计量设备、转子流量计、电磁流量计、苗嘴、计量泵等。虹吸定量投加设备的结构利用空气管末端与虹吸管出口间的水位差不变而设计。此外，在配制好的混凝剂溶液通过浮球阀进入恒位箱，箱中液位靠浮球阀保持恒定。采用苗嘴计量仅适于人工控制，其他计量设备既可人工控制，也可自动控制。

第二，投加方式。常用的投加方式有四种：①泵前投加。药液投加在水泵吸水管或吸水喇叭口处，这种投加方式安全可靠，适用于进水泵与混凝反应设备较近的情况。②高位溶液池重力投加。当废水提升泵距离混凝单元较远时，应建造高架溶液池，利用重力将药液投入水泵压水管上。或者投加在混合池入口处。这种投加方式安全可靠，但溶液池位置较高。③水射器投加。利用高压水通过水射器喷嘴和喉管之间真空抽吸作用将药液吸入，同时随水的余压注入原水管中，这种投加方式设备简单，使用方便，溶液池高度不受太大限制，但水射器效率较低，且易磨损。④泵投加。泵投加用两种方式：一是采用计量泵（柱塞泵或隔膜泵）；二是采用离心泵配上流量计。采用计量泵不必另备计量设备，泵上有计量标志，可通过改变计量泵行程或变频调速改变药液投加量，最适合用于混凝剂自动控制系统。

（3）混合设备。为了创造良好的混凝条件，要求混合设施能够将投入的药剂快速均匀地扩散于废水中。混合的基本要求在于通过对水体的强烈搅动，能够在很短的时间内促使药剂均匀地扩散到整个水体，达到快速混合的目的。混合设施种类较多，归纳起来有水泵混合、管式混合和机械混合。

第一，水泵混合。水泵混合是我国常用的混合方式。药剂投加在取水泵吸水管或吸水喇叭口处，利用水泵叶轮高速旋转达到快速混合目的。水泵混合效果好，不需另建混合设施，节省动力，大、中、小型水厂均可采用。但在采用三氯化铁作为絮凝剂时，若投量较大时，药剂对水泵叶轮可能有轻微的腐蚀作用。当水泵距离混凝沉淀设施较远时，不宜采用水泵混合，因为长距离输送过程中，管道中可能会过早形成絮体。已形成的絮体在管道中一经破碎，往往难于重新聚集，不利于后续絮凝，且当管道中流速较低时，絮体还可能沉积在管道中。因此，采用水泵混合时，水泵距离混凝设施距离不宜大于150m。

第二，管式混合。最简单的管式混合是将药剂直接投入水泵压水管中，借助管中流速进行混合。管中流速不宜小于1m/s，投药点后的管内水头损失不小于 0.3 ~ 0.4m。投药点至末端出口距离以不小于 50 倍管道直径为宜。为提高混合效果，可在管道内增设孔板或文丘里管。这种管道混合简单易行，无须另建混合设备，但混合效果不稳定，管中流速低时，混合不均匀。

目前最广泛使用的管式混合器是管式静态混合器，混合器内按要求安装若干固定混合单元。每一混合单元由若干固定叶片按一定角度交叉组成。水流和药剂通过混合器时，将被单元体多次分割、改变，并形成漩涡，达到混合目的。目前，我国已生产多种形式静态混合器，管式静态混合器的口径与输水管道相配合，目前最大口径已达 2000mm，这种混合器的水头损失稍大，但因混合效果好，从总体经济效益而言，还是具有优势的。其唯一缺点是当流量过小时混合效果下降。另一种管式混合器是"扩散混合器"。它是在管式孔板混合器前加装一个锥形帽。水流和药剂对冲锥形帽而后扩散形成剧烈紊流，使药剂和水快速混合。锥形帽夹角为 90°，其顺水流方向的投影面积为进水管总截面积的 1/4。孔板的开孔面积为进水管截面积的 3/4。孔板流速一般采用 1 ~ 1.5m/s，混合时间约 2 ~ 3s。混合器节管长度不小于 500mm。水流通过混合器的水头损失约 0.3 ~ 0.4m。混合器直径在 DN200 ~ DN1200。

第三，机械混合。机械混合池是在池内安装搅拌装置，以电动机驱动搅拌器使水和药剂混合的。搅拌器可以是桨板式、螺旋桨式或透平式。桨板式适用于容积较小的混合池（一般在 $2m^3$ 以下），其余可用于容积较大混合池。搅拌功率按产生的速度梯度为 700 ~ $1000s^{-1}$ 计算确定。混合时间控制在 10 ~ 30s 以内，最大不超过 2min。机械混合池在设计中应避免水流同步旋转而降低混合效果。机械混合池的优点是混合效果好，且不受水量变化影响，适用于各种规模的水厂。

（4）混凝反应设备。原水与药剂混合后，在混凝反应设备内，速度梯度的推动下，微絮凝颗粒发生有效碰撞，产生同相凝聚，形成较大的密实絮体，从而实现沉淀分离的目的。故在此过程中，应当缓慢搅拌，创造颗粒碰撞和吸附架桥、网捕共沉淀的条件，防止絮体破碎和胶体复稳。混凝池形式较多，概括起来分成两大类：水力搅拌式和机械搅拌式。我国在新型混凝池研究上达到较高水平，特别是水力混凝池方面。

第一，隔板混凝池。隔板混凝池是应用历史较久、目前仍常应用的一种水力搅拌混凝池，有往复式和回转式两种。回转式在往复式的基础上加以改进而成。在往复式隔板混凝池内，水流经过 180° 转弯，局部水头损失较大，而这部分能量消耗往往对絮凝效果作用不大。因为 180° 的急转弯会使絮凝体有破碎的可能，特别在混凝反应后期。回转式隔板混凝池内水流经过 90° 转弯，局部水头损失大为减小、混凝效果也有所提高。此外，隔板絮凝池通常用于大、中型水处理厂。因水量过小时，隔板间距过狭，不便施工和维修。隔板絮凝池优点是构造简单，管理方便；缺点是流量变化大者，混凝效果不稳定，与折板及网格式混凝池相比，因水流条件不甚理想，能量消耗（水头损失）中的无效部分比例较大，故需较长混凝反应时间，池子容积较大。

隔板混凝反应池已积累了多年运行经验，在水量变动不大的情况下，混凝效果有保证。目前，往往把往复式和回转式两种形式组合使用，前为往复式，后为回转式。因混凝反应初期，絮体尺寸较小，采用往复式较好；后期絮体尺寸较大，采用回转式较好，隔板絮凝池主要设计参数如下：

廊道中流速起端一般为 0.5 ~ 0.6m/s，末端一般为 0.2 ~ 0.3m/s 流速应沿程递减，即在起、末端流速已选定的条件下，根据具体情况分成若干段来确定各段流速。分段愈多，效果愈好。但分段过多，施工和维修较复杂，一般宜分成 4 ~ 6 段。为达到流速递减目的，可采取两种措施：一是将隔板间距从起端至末端逐段放宽，池底相平；二是隔板间距相等，从起端至末端池底逐渐降低。因施工方便，一般采用前者较多。若地形合适，也可采用后者。

为减小水流转弯处水头损失，转弯处过水断面面积应为廊道过水断面面积的 1.2 ~ 1.5 倍。同时，水流转弯处尽量做成弧形。

混凝反应时间，一般采用 20 ~ 30min。

隔板净间距一般宜大于 0.5m，以便于施工和检修。

为便于排泥，池底应有 0.02 ~ 0.03 坡度，坡向排泥口，并设置直径不小于 150mm 的排泥管。

第二，折板混凝反应池。折板混凝反应池是在隔板混凝池基础上发展起来的，目前已得到广泛应用。折板混凝反应池是利用在池中加设一些扰流单元以达到混凝所要求的紊流状态，使能量损失得到充分利用，停留时间缩短，折板反应池有多重形式，常用的有多通道和单通道的平折板、波纹板等。可布置成竖流或平流式，通常采用竖流式。折板反应池要设排泥设施。竖流式平折板反应池通常适用于中、小型污水处理厂，折板可采用钢丝网水泥板、不锈钢或其他材质制作。反应池一般分为三段（也可采用多段），三段中的折板布置可采用同波折板、异波折板及直板折板。首先，多通道指将反应池分成若干格子，每一格内安装若干折板，水流沿格子依次上下流动。在每一个格子内，水流平行通过若干个由折板组成的并联通道。其次，无论在单通道还是多通道内，同波、异波折板均可组合应用。有时，反应池末端还可以采用直板。例如，前面可采用异波、中部采用同波，后面采用直板。这样组合有利于絮体逐步遄长而不易破碎。

折板反应池的优点是，水流在同波折板之间曲折流动或在异波折板之间缩放流动且连续不断，以至形成众多的小漩涡，提高了颗粒碰撞絮凝效果。在折板的每一个转角处，两折板之间的空间可视为 CMR 单元反应器。众多的 CMR 单元反应器串联起来，就接近推流型 PF 反应器。因此，从总体上看，折板反应池接近推流型。与隔板反应池相比，水流条件逐渐改善，即在总的水流能量消耗中，有效能量消耗比例提高，故所需混凝反应时间可以缩短，体积减小。从实际生产经验可知，絮凝时间在 10 ~ 15min 为宜。

第三，机械混凝反应池。机械混凝反应池利用搅拌器对废水进行搅拌，故水流的能量消耗来源于搅拌机的功率输入。搅拌器有桨板式和叶轮式，目前我国常用桨板式；根据搅拌轴的安装位置，又分为水平轴式和垂直轴式。水平轴式通常用于大型废水处理厂，垂直轴式一般用于中、小型废水处理厂。

单个机械混凝反应池接近于 CMR 反应器，故宜分格串联。分格愈多，愈接近 PF 反应器，混凝效果愈好。但分格越多，造价越高且增加维修工作量。

为便于控制速度梯度，反应池每格均安装一台搅拌机。为适应絮体的形成规律，第一格内搅拌强度最大，而后逐格减小，从而速度梯度 G 也相应由大到小。搅拌强度取决于搅拌器转速和桨板面积，由计算决定。

设计桨板式机械混凝反应池时，应符合以下要求：混凝反应时间一般宜为 15 ~ 20min。池内一般设 3 ~ 4 挡搅拌机。各挡搅拌机之间用隔墙分开以防止水流短路。隔墙上、下交错开孔，开孔面积按穿孔流速决定。穿孔流速以不大于下一挡桨板外缘线速度为宜。为增加水流紊流性，有时在每格池子的池壁上设置固定挡板。搅拌机转速按叶轮半径中心点线速度通过计算确定。线速度宜自第一挡的 0.5m/s 起逐渐减小至末挡的 0.2m/s。每台搅拌器上桨板总面积宜为水流截面积的 10% ~ 20%，不宜超过 25%，以免池水随桨板同步旋转，降低搅拌效果。桨板长度不大于叶轮直径 75%，宽度宜取 10 ~ 30cm。

机械混凝反应池的优点是可随水质、水量变化而随时改变转速，以保证混凝效果，能应用于任何规模的废水处理厂。

二、气浮处理技术

气浮是通过絮凝和浮选使废水中的污染物分离上浮而得以去除的过程。气浮利用高度分散的微小气泡作为载体黏附于废水中的悬浮污染物，使其浮力大于重力和阻力，从而使污染物上浮至水面形成泡沫，然后用刮渣设备自水面刮除泡沫，实现固液或液液分离。

分离是由于液相中引入细小的气体（通常是空气）气泡而完成的。气泡附在颗粒上，气泡和颗粒合在一起的浮力足够大到使颗粒上升到表面。这样，密度比液体高的颗粒也可以上升，而密度比液体低的颗粒同样更容易上升（如废水中油的悬浮颗粒）。

在废水处理中，气浮主要用于去除悬浮物和浓缩生物固体。气浮与沉淀相比其主要优点在于，沉降缓慢但很轻的颗粒能在较短的时间内用气浮比较完全地去除。一旦颗粒上升到废水表面，即可进行撇沫收集去除。

（一）气浮机理

第一，气浮中界面张力和界面能。水中并非所有的固体颗粒都能与气泡黏附，而黏附后，系统出现了气、液、固三相，为了探讨颗粒同气泡黏附的条件和它们之间的内在规律，需要从表面张力、界面能和水对固体颗粒的润湿性来说明。液体存在表面张力，它力图缩小液体的表面积。对于液体，表面层分子比内部分子具有更多的能量，称为表面能。表面能也有力图减少至最少的趋势。当两相共存时，如两种不相混合的液体（油和水）接触时，产生了界面，两种液体的不同表面分子也产生表面张力，这种表面张力称为界面张力，也同样存在界面能。

由于界面能具有减至最小的趋势，所以水中的乳化油都呈圆球形，而且都具有自然黏合聚集的趋势。因为圆球的表面积最小，而且总体积一定的物质，分成的颗粒越小，总的表面积越大，所以聚集后总的表面积更小。在气浮时，存在气、液、固三相，在各个不同的界面上，存在不同的界面张力，作用于三相界面的界面张力分别为：水固界面张力 $\sigma_{w,s}$，水气界面张力 $\sigma_{w,s}$，气固界面张力 $\sigma_{G,s}$。

水中固体能否与气泡黏附，取决于该物质的润湿性，即该物质能够被水润湿的程度。易被水润湿的物质，称为亲水性物质；反之，称为疏水性物质。亲水性物质难于与气泡黏附，疏水性物质易于与气泡黏附。

第二，气泡与絮体的黏附。向废水中投加混凝剂生成絮体后再进行气浮，会强化气浮效果。气泡和絮体之间的黏附作用有以下两种情况：一是气泡与絮体的碰撞黏附作用。由于絮体和气泡都具有一定的疏水性，比表面积也都很大，并且都具有过剩的自由界面能，因此，它们具有相互吸引而降低各自界面能的趋势。在一定的速度梯度下，具有足够动能的微气泡和絮体相互碰撞，通过分子间范德瓦尔斯力而黏附，两者之间是软碰撞，碰撞后絮体和气泡实现多点黏附，黏附点越多，气泡和絮体结合得越牢固。因此要求絮体不能太小，疏水性要强。二是絮体网捕、包卷和架桥作用。由以上气浮机理可知，微气泡的多少和大小、污染物颗粒的大小及其疏水性能高低、絮体颗粒的大小及其疏水性、添加的表面活性剂种类及数量多少，都是气浮过程中重要的影响因素，会直接影响气浮的效果甚至成败。

第三，气泡动力学。在气浮过程中，气泡作为载体而存在，它的数量的多少和稳定性都影响了气浮过程的成败及效率。而水中空气溶解度、饱和度及产生气泡的方式和废水中杂质种类，都会影响气泡的数量、大小及稳定性。

水中的微气泡外包着一层水膜，且富有弹性，为了不让空气分子逸出，膜内的水分子必须保持紧密和稳定，在范德瓦尔斯力和氢键的作用下，它们定向有序地排列，从而使气泡具有一定的强度。气泡越小，水膜越致密，气泡的弹性就越强。气泡的大小与空气在水中的溶解度、水与空气间的界面张力、空气压力及释放器的孔径大小有着密切的关系。一般要求在较高的压力下，提高空气的溶解度，同时释放时间越短越好，释放器的孔径尽量地小。

（二）气浮法的分类

第一，分散空气气浮法。分散空气气浮法包括依靠高速旋转转子的离心力造成的负压而将空气吸入，并与提升上来的废水充分混合后，在水的剪切力作用下，气体破碎成微气泡而扩散在水中；或者是当空气通过微孔材料或喷头的小孔时，被分割成小气泡而分布于水中，然后进行气浮。分散空气法产生的气泡较大，对水体搅动强烈，一般只适用于含油脂、羊毛等废水的初级处理或含有大量表面活性剂废水的泡沫浮选处理。

第二，电凝聚气浮法。在电解槽中，利用电解产物产生的微小气泡的气体、阳极溶解产生的絮凝剂等作用，在废水中同时利用絮凝和气浮的作用，去除废水中颗粒物。

第三，生物及化学气浮法。利用微生物代谢过程中产生的气体，达到气浮的目的，或利用投加能产生气体的化学药剂，释放出气体，促使气浮过程发生。

第四，溶解空气气浮法。分为真空式气浮法和压力溶气气浮法。分为真空式气浮法是指利用在真空的条件下，常压下废水中溶解的空气会释放出来的原理；压力溶气气浮法是利用高压下溶解大量的空气，然后在常压下瞬时降压，微气泡释放出来，同时包括全溶气、部分溶气和部分回流溶气，以最后一种应用最为广泛。

（三）气浮的设计技术

气浮用于从废水中脱除悬浮颗粒、油和油脂、混凝产生的絮体以及污泥的分离和浓缩时，其性能取决于是否有足够多的气泡来气浮所有的悬浮固体、油和油脂，气体不充分会导致固体气浮分离不完全，而过量的气体也不能进一步改善操作情况，去除的效果与空气的压缩程度、压缩量有关。气浮是一种常用的固体液分离技术，其设计技术可涉及以下方面：

第一，设计选择：选择合适的气浮设备类型，如浮选机、气浮池或气浮装置，根据处理工艺、处理量和操作条件等因素进行选择。

第二，净化性能：确定气浮系统的目标净化效果，包括悬浮物去除率、处理水质要求等。根据需求进行参数设计，如气浮池尺寸、气体注入量、废水进出口布置等。

第三，气浮气泡生成：设计气浮气泡生成装置，通常使用空气或其他气体注入方式，通过调节气体流量和压力来控制气泡大小和密度，进而实现有效固液分离。

第四，混合和搅拌：根据废水水质和处理目标，设计适当的混合和搅拌装置，以保证悬浮物在气浮池中均匀分布，提高固液接触效率。

第五，气浮池结构：设计合理的气浮池结构，包括气浮池底部的斜板或喷嘴设置，有利于悬浮物沉淀和清除，以及废水的顺畅排出。

第六，操作控制：设计气浮系统的自动控制装置，包括流量、压力、pH等监测和调节，以实现稳定的处理效果和节能优化运行。

第七，设备选材和防腐蚀：考虑气浮设备在处理废水中可能遇到的腐蚀问题，选择适合的材料和涂层，以延长设备寿命和降低维护成本。

以上是气浮设计技术的一些主要方面，具体设计还需考虑实际应用场景和要求，并参考相关的设计标准和经验。

第二节　吸附与萃取处理技术

一、吸附处理技术

吸附作用（Adsorption）是一种物质的原子或分子附着在另一物质的表面上的过程，或简单地说成物质在固体表面上或微孔内积聚的现象，因此吸附过程涉及一种物质从本相向另一物质的相表面或这两种物质的相界面处转移和浓缩的过程。

（一）吸附机理

对于废水而言，吸附作用发生在固体表面。这种能起吸附作用的固体物质称为吸附剂。它往往是多孔性的，也就是说，这种具有吸附性的多孔固体不仅具有较大的外表面，而且还具有巨大的内表面积，吸附作用也主要是在内表面上进行的。

固体表面的分子、原子或离子同液体表面一样，所受的力是不对称、不饱和的，即存在一种固体的表面力，它能将外界的分子、原子或离子吸附到固－液界面上形成分子层。被吸附在界面上的分子层称为吸附物。

按吸附剂与吸附物之间作用力的不同，吸附分为三种类型：

第一，物理吸附。吸附剂和吸附物通过分子力（范德瓦尔斯力）产生的吸附称为物理吸附。物质表面分子力场不平衡而存在表面张力，即范德瓦尔斯力所致。范德瓦尔斯力随分子间距离的缩小而增大，当距离缩小到一定程度后，就出现了斥力，只要在范德瓦尔斯力作用范围内，吸附在吸附剂表面的吸附可以是单分子层，也可以是多分子层。物理吸附是可逆的，即分子吸附到吸附剂上的同时，其他分子会由于热运动而离开固体的表面。这种使分子脱离吸附剂表面的过程为解吸或脱吸。

第二，化学吸附。吸附剂和吸附物之间存在着电子转移或偏移而发生化学反应，称为化学吸附。化学吸附后，吸附物和吸附剂的活化中心基团之间形成了牢固的化学键，此时，吸附剂和吸附物丧失了各自的独立性。化学吸附的活化能较高，一般需要在较高的温度下进行，另外，化学吸附的进择性较强，吸附后只能是单分子层吸附，且吸附后较为稳定，不易解吸。

第三，交换吸附。在废水中，吸附作用不仅限于中性分子的吸附，还常发生离子的吸附。由于吸附剂活性中心上的离子和吸附物中相反电荷的离子静电吸引，吸附物的离子可以在吸附剂表面富集，并和同电荷离子进行交换，这种交换称为交换吸附或离子交换过程。从以上吸附本质的讨论中我们可以发现，在废水中吸附过程存在以下规律：一是在废水中，使固体吸附剂表面自由能降低最多的污染物，其吸附量最大，被吸附的能力也最强。一般而言，溶解度越小的物质越易被吸附。二是吸附物和吸附剂之间的极性相似时易被吸附，即极性吸附剂易于吸附极性污染物，非极性吸附剂易于吸附非极性污染物。三是较高的吸附温度对物理吸附为主的吸附是不利的，而对化学吸附是有利的。

（二）吸附的影响因素

从以上吸附平衡和动力学讨论中可见，影响吸附的因素主要来自三个方面：吸附剂的特性、吸附物的特性和操作条件。

第一，吸附剂的物理化学性质。吸附剂内外表面的性质，如吸附活性的大小、吸附活性基团的特性、内外比表面积的大小及吸附剂内部孔结构及其分布是影响吸附量和吸附速度的主要因素。

第二，吸附物的物理化学性质。吸附物的极性大小、化学活泼性和分子大小等也是影响吸附量和吸附速率的主要因素之一。

第三，废水的 pH。废水 pH 不仅影响吸附物存在的形式和物理化学性质，而且对吸附剂的特性也有影响，如活性炭一般在酸性溶液中比在碱性溶液中有较高的吸附率等。

第四，温度。从吸附本质上讲，即化学吸附需高温而物理吸附不需升温，而且对废水处理而言，加热废水需要大量能耗，故一般以物理吸附来处理废水。

第五，杂质的影响。当废水中悬浮物含量较高时，会堵塞吸附剂的表面孔隙或覆盖外表面，影响吸附的正常进行。另外，吸附物之间存在竞争吸附时，必须考虑其对吸附过程的影响。

（三）吸附剂与吸附工艺

1. 吸附剂

在水处理中吸附剂一般要满足如下要求：吸附容量大，再生容易，有一定的机械强度，耐磨、耐压、耐腐蚀性强，密度较大而在水中有较好的沉降性能，价格低廉，来源充足等。常见的吸附剂有硅藻土、硅酸、活性氧化铝、矿渣、炉渣、活性炭、合成的大孔吸附树脂、腐殖酸等。由中等挥发性沥青煤或褐煤生产的炭粒，广泛地应用于废水处理中。一般而言，沥青煤制备的颗粒状活性炭孔径小，表面积大，容积密度最高；而褐煤制得粒状炭孔径最大，表面积最小，容积密度最小。

活性炭表面呈非极性结构，由于在制作过程中的高温活化而使其表面存在各种不同的有机官能团，所以也呈现一定程度的弱极性。它对废水中有机物的吸附能力较大，特别适用于去除废水中微生物难以降解的或用一般氧化法难以氧化的溶解性有机物。一些方法可以用来表征活性炭吸附容量：一般用苯酚数表示活性炭去除味觉和气味化合物的能力；碘值表示吸附低相对分子质量化合物的能力（微孔有效半径小于 $2\mu m$）；而糖值表示吸附大相对分子质量化合物的能力（孔径范围 $1\sim 50\mu$）。高碘值的活性炭处理小相对分子质量有机物为主的废水最有效，而高糖值的则处理以大相对分子质量有机物为主的废水最有效。

大孔吸附树脂是一种合成的吸附剂，是坚硬、不溶于水的多孔性高聚物的球状树脂。大孔吸附树脂可选择适当的单体，改变其极性，以适应不同的用途。它可以分为非极性、中等极性和强极性三种。非极性的大孔吸附树脂由苯乙烯和二乙烯苯聚合而成的，中等极性大孔吸附树脂具有甲基丙烯酸酯的结构，而强极性大孔吸附树脂主要含硫氧基、N—O 基及磺酸基的官能团。

一般认为腐殖酸是一组芳香结构的、性质与酸性物质相似的复合混合物。腐殖酸含有的活性基团包括羟基、羧基、氨基、磺酸基、甲氧基等，具有较强的吸附阳离子的能力。用作吸附剂的腐殖酸类物质有两大类：一类是天然的富含腐殖酸的风化煤、泥煤、褐煤等，直接或经过简单处理后用作吸附剂；第二类是把富含腐殖酸的物质用适当的黏结剂制成腐殖酸系树脂，造粒成型。

2. 吸附工艺

在废水处理中，吸附操作分为静态吸附和动态吸附两种。

（1）静态吸附。废水在不流动的条件下进行的吸附操作称为静态操作。

静态操作是间歇操作。即将一定量的吸附剂投入待处理的废水中，不断搅拌，达到吸附平衡后，再用沉淀或过滤的方法使废水和吸附剂分开。

静态吸附反应池有两种类型：一种是搅拌池型，即在整个池内进行快速搅拌，使吸附剂与原水充分混合；另一种是泥渣接触型，其池型和操作均与循环澄清池相同。运行时池内可保持较高浓度的吸附剂，对原水浓度和流量变化的缓冲能力大，不需要频繁调整吸附剂投加量，并得到稳定的处理效果。

（2）动态吸附。废水在流动状态下进行的吸附操作称为动态吸附操作。由于进水浓度平衡时吸附容量比出水浓度平衡时更大，动态吸附操作方式在废水处理中提供了更为实际的应用。

当废水连续通过吸附剂层时，运行初期出水中吸附物浓度几乎为零。随着时间的推移，上层吸附剂达到饱和，床层中发挥吸附作用的区域下移，吸附带前面的床层尚未起作用，出水中吸附物浓度仍然很低。当吸附带前端下移至吸附剂层底端时，出水浓度开始超过规定值，此时称床层穿透（对应的浓度 c_B 穿透点），以后浓度迅速增加。当吸附带后端下移到床层底端时，整个床层接近饱和，出水浓度接近进水浓度，此时称床层耗竭（出水浓度达到进水浓度的 90% ~ 95% 时，对应的浓度 c_E 为吸附终点）。

此外，吸附处理对象主要是废水中有毒或难降解的有机物、用一般氧化过程难以氧化的溶解性有机物以及生物氧化后的三级出水，包括木质素、氯或硝基取代的芳烃化合物、杂环化合物、洗涤剂、合成染料、除莠剂、除草剂、DDT 等。处理过程中，吸附剂不但吸附难分解有机物，还能使废水脱色、脱臭，把废水处理至可重复利用的程度。

二、萃取处理技术

萃取是利用某种溶剂对废水中污染物的选择作用，使一种或几种组分分离出来，以回收废水中高浓度污染物的处理方法。萃取过程是一个先使两相充分混合，污染物在两相中得到分配后，再使两相完全分离，最后使溶剂进行再生的过程，它包括三个步骤：

第一，被处理的废水和加入的溶剂充分混合，密切接触，促使溶质的有效传递，用混合器完成。

第二，两相完全分离，通过澄清分离器来达到这一目的。

第三，从萃余相和萃取相中除去溶剂、回收溶剂，分别用后续处理和再生装置完成这一目的。溶剂萃取如果利用混合物中各组分在溶剂中溶解度不同而达到分离的目的，称为物理萃取；若利用溶剂和废水中某些组分形成配合物或化合物而得以分离，称为化学处理。废水中常采用物理萃取过程，不改变污染物化学性质而得以回收。

溶剂萃取适用于污染物浓度高、难以生物降解、污染物具有热敏性、与水的相对挥发度接近、能与水能形成恒沸物、采用化学氧化还原难以处理等之类的污染物，同时萃取可以回收污染物，因此成本相对较低。但由于溶剂往往是有机溶剂，或多或少会溶解在废水中一部分，使出水带来新的污染，因此萃取工艺往往要有后续处理，而不能单独使用。

（一）废水处理中萃取理论

在废水的萃取中，至少要涉及三种组分：溶剂即萃取剂、水和污染物，从而形成一个三元物系，并且这个三元物系由两个相组成：有机相和无机相，污染物在这两个相中进行分配。从宏观上来看，它可呈物理分配和化学分配，呈物理分配时则为溶质在水中和溶剂中的不同溶解度所致；呈化学分配时则为溶质和溶剂之间发生化学作用形成了配合物，而从水相中得以分离。

（二）萃取动力学的影响因素

萃取过程同样发生在非均相体系中，因此溶质在两相中进行质量传递时，质量传递的速率决定了萃取速度的快慢。

萃取传质也是一个浓差驱动，并与两相的接触面积成正比，与总的传质系数也有关。因此，影响萃取过程传质速率的主要因素有：传质界面大小、传质推动力和总传质系数。通过增大传质推动力、增大两相接触面积和增大传质系数来提高传质速率。具体来说从以下三个方面考虑：

第一，增大两相接触界面面积。通常使萃取剂以小液滴的形式分散到废水中去。分散相液滴越小，传质面积越大。但要防止萃取剂分散过度而出现乳化现象，给后续分离萃取剂带来困难。对于界面张力不大的物系，仅依靠密度差推动萃取剂通过筛板或填料，即可获得适当的分散度；但对于界面张力较大的物质，需通过搅拌或脉冲装置来达到适当分散度的目的。

第二，增大传质系数。在萃取设备中，通过分散相的液滴反复破碎和聚集，或强化液相的湍动程度，使传质系数增大。系统中如有表面活性物质和某些固体杂质的存在，则会增加在相界面上的传质阻力，显著降低传质系数。因此，在萃取前应当进行预处理，尽可能地去除悬浮物和表面活性物质。

第三，增大传质推动力。采用逆流操作，整个萃取系统可维持较大的推动力，既能提供萃取相中溶质浓度，又可降低萃余相中的溶质浓度。逆流萃取时过程的推动力是一个变值，其平均推动力为废水进、出口处推动力的对数平均值。

（三）萃取剂

1. 萃取剂的基本要求

根据前述内容发现，在液液萃取中，萃取剂从工程上应当满足下列基本要求：

（1）选择性好，即分配系数大。

（2）具有适宜的物理性质。如与废水的密度差大、不易挥发、黏度小、凝固点低、表面张力适中，分离性能好，萃取过程中不乳化、不随废水流失。

（3）化学稳定性好。不与废水中的杂质发生化学反应，这样可以减少萃取剂的损失，对设备的腐蚀性小，无毒，不易燃易爆。

（4）来源广泛，价格低廉。

（5）容易再生。与萃取物的沸点差要大，两者不能形成恒沸物。

2. 萃取剂的再生

萃取后的萃取相需经过再生，将萃取物分离后，萃取剂继续使用。再生的过程主要有以下内容：

（1）物理再生过程。物理再生过程主要采用蒸馏或蒸发的方法。当萃取相中各组分的沸点相差较大时，最宜采用蒸馏过程分离。例如，用乙酸丁酯萃取废水中的单酚时，溶剂沸点为116℃，而单酚的沸点为181～202.5℃，相差较大，可以用蒸馏过程来分离。根据分离的要求，可以采用简单蒸馏或精馏。

（2）化学再生过程。投加某种化学药剂使其与溶质形成不溶于溶剂的盐类，这种再生过程是化学再生过程。例如，用碱液对萃取相中的酚进行反复萃取，形成酚钠盐结晶析出，从而达到回收酚和再生萃取剂的目的。

第三节　吹脱与汽提处理技术

一、吹脱处理技术

吹脱过程（Blow-off Method）是将空气通入废水中，使空气与废水充分接触，废水中溶解的气体或挥发性溶质通过气液界面，向气相转移，从而达到脱除污染物的目的。而汽提过程则是将废水与水蒸气直接接触，使废水中的挥发性物质扩散到气相中，实现从废水中分离污染物的目的。吹脱和汽提均属于由液相向气相传质的过程，实际上是吸收的逆过程——解吸，习惯上将以空气、氮气、二氧化碳等气体作为解吸剂来推动水中污染物向气相传递的过程，称吹脱；将采用水蒸气作为解吸剂的过程，称为汽提。这两种过程特别适合污染物浓度高、沸点较低，冷凝后又易与气相介质分离的废水，如用水蒸气作为解吸剂，则蒸汽冷凝后，冷凝水可以与污染物分层而得以分离。

采用吹脱或汽提工艺去除废水中溶解性气体和挥发性有机物，设备简单，操作方便，但容易产生二次污染，这一点在设计和运行管理中必须重视。吹脱处理技术具有以下特点：

第一，高效快捷：使用高速喷气可以快速地将污垢从工件表面吹脱，提高生产效率。

第二，非接触性：吹脱处理技术不需要直接接触工件表面，减少了对工件的损伤，并且可以处理复杂形状和难以到达的区域。

第三，环保节能：吹脱处理过程中不需要使用化学溶剂或清洗剂，减少了对环境的污染，并且节约了能源和资源。

第四，广泛应用：吹脱处理技术适用于各种材料和工件，包括金属、塑料、玻璃等，广泛应用于汽车制造、电子产品生产、光学器件制造等行业。

需要注意的是，在进行吹脱处理时，需根据具体情况选择合适的喷射气体、喷射角度和喷射压力，以确保有效清除表面污染物的同时不会对工件造成损伤。

二、汽提处理技术

汽提处理技术是一种常用的物理分离方法，主要用于从液体中去除挥发性组分或溶解气体。这种技术通过在液体中通入蒸汽，利用蒸汽与挥发性物质的物理性质差异，将其从液体中带出，实现分离和回收的目的。

汽提处理技术的原理是根据组分在液体相和气体相之间的分配平衡，利用蒸汽对液体中目标组分的亲和力较高，从而促使目标组分从液体相转移到气体相。在汽提处理系统中，通常通过在塔内使液体顺流与蒸汽逆流接触，使目标组分向蒸汽相转移。汽提处理技术的应用广泛，常见的包括以下方面：

第一，污水处理：汽提处理可用于去除废水中的挥发性有机物（VOCs）、氨氮和硫化物等，达到净化水质的目的。

第二，石油化工：汽提处理广泛应用于石油炼制和化工生产中，用于去除原油、石油衍生物和化工产品中的硫化物、酚类、挥发性溶剂等有害物质。

第三，食品加工：汽提处理可用于从食品中去除异味、挥发性有机物和溶解气体，提高食品的品质和口感。

第四，医药化学：汽提处理在制药工业中的应用主要是用于溶剂回收和分离纯化药物。

需要注意的是，汽提处理技术的效果受多种因素影响，如温度、压力、塔内气液流量比、接触时间等，因此在实际应用时需要对这些参数进行调控和优化，以获得较好的分离效果。

第四节　蒸发与结晶处理技术

一、蒸发处理技术

蒸发（Evaporation）是通过加热废水，使水分大量汽化，得到浓缩的废液以便进一步回收利用废水中不挥发性的污染物；水蒸气冷凝后又可以获得纯水。除反渗透工艺外，蒸馏也可以用于控制盐类在一些关键回用系统中的积累问题。因为蒸发工艺处理费用较高，一般只限于以下场合使用：①要求处理程度很高的系统；②采用其他方法不能去除废水中污染物的系统；③有价格低廉的废热可供使用的系统。

蒸发主要用于以下目的：第一，获得浓缩的溶液产品，如放射性废水的浓缩（减量）；第二，将溶液蒸发增浓后，冷却结晶，用以获得固体产品，如洗钢废水中硫酸亚铁的回收等；第三，脱除杂质，获得纯净的溶剂或半成品，如海水淡化等。

进行蒸发操作的设备叫作蒸发器。蒸发器内要有足够的加热面积，使溶液受热沸腾。溶液在蒸发器内因各处密度的差异而形成某种循环流动，被浓缩到规定浓度后排出蒸发器外。蒸发器内备有足够的分离空间，以除去汽化的蒸汽夹带的雾沫和液滴，或装有适当形式的除沫器以除去液沫，排出的蒸汽如不再利用，应将其在冷凝器中加以冷凝。

蒸发过程中经常采用饱和蒸汽间接加热的方法，通常把作为热源使用的蒸汽称作一次蒸汽，废水在蒸发器内沸腾蒸发，逸出的蒸汽叫作二次蒸汽。

（一）蒸发操作的特点

从上述对蒸发过程的简单介绍可知，常见的蒸发是间壁两侧分别为蒸气冷凝和液体沸腾的传热过程，蒸发器也就是一种换热器。但和一般的传热过程相比，蒸发操作又有以下特点：

第一，沸点升高，蒸发的溶液中含有不挥发性的溶质，在相同压力下溶液的蒸气压较同温度下纯溶剂的蒸气压低，使溶液的沸点高于纯溶液的沸点，这种现象称为溶液沸点的升高。在加热蒸汽温度一定的情况下，蒸发溶液时的传热温差必定小于加热纯溶剂的纯热温差，而且溶液的浓度越高，这种影响也越显著。

第二，物料的工艺特性，蒸发的溶液本身具有某些特性，如有些物料在浓缩时可能析出晶体，或易于结垢；有些则具有较大的黏度或较强的腐蚀性等。如何根据物料的特性和工艺要求，选择适宜的蒸发流程和设备是蒸发操作必须考虑的问题。

第三，节约能源，蒸发时汽化的溶剂量较大，需要消耗较大的加热蒸气。如何充分利用热量，提高加热蒸气的利用率是蒸发操作要考虑的另一个问题。

（二）蒸发设备的类型

沸腾蒸发的设备称为蒸发器。工业废水处理中，采用的蒸发器主要有以下类别：

1. 列管式蒸发器

列管式蒸发器由加热室与蒸发室构成。在加热室内有一组加热管，管内为废水，管外为加热蒸汽。经过加热沸腾的汽水混合液，上升到蒸发室后，进行汽水分离。蒸汽经过分液器后从蒸发室顶部引出。废水在循环流动的过程中，不断沸腾蒸发，当溶质浓度达到要求后，从蒸发室底部排出。根据废水循环流动时作用水头的不同，分为自然循环竖管式蒸发器和强制循环横管式蒸发器。自然循环竖管式蒸发器在加热室有一根很粗的循环管实现自然循环流动，结构简单，清理维修简便，适用于处理黏度较大易结垢的废水。

2. 薄膜式蒸发器

薄膜蒸发（Thin Membrane Evaporation），废水在蒸发器的管壁上形成薄膜，使水汽化的蒸发过程。

薄膜式蒸发器有三种类型，长管式、旋流式和旋片式。它们的基本特点是在蒸发过程中，加热管壁面或蒸发器的表面形成很薄的水膜，在蒸汽加热下，水膜吸收热量，迅速沸腾汽化。

薄膜蒸发器的特点是：传热系数和蒸发面积都很大，所以蒸发速度快、蒸发量大；废水在管内高度很小，由液柱高度造成的沸点升高值较小；稠液在下，稀液在上，两者不相混合，那么由于溶质造成的沸点升高值也比较小。这种蒸发器适合黏度中等的料液，但不适合蒸发有结晶析出的浓稠液。

旋流式薄膜蒸发器的结构简单，传热效率高，蒸发速度快，适合蒸发结晶；缺点是传热面积小，设备容量小。

旋片式薄膜蒸发器可以用于蒸发黏度大且容易结垢的废水，其缺点是传动机构容易损坏。

3. 浸没燃烧式蒸发器

浸没燃烧式蒸发器属于直接接触式蒸发器。热源为高温（1200℃）烟气，从浸没于废水中的喷嘴排出。由于气液两相的温差很大，加之气液翻腾鼓泡，接触充分，因此传热效率极高。蒸汽和燃烧尾气由废气口排出，蒸发浓缩液由底部的空气喷射泵抽出。

浸没燃烧式蒸发器的特点是传热效率高，设备紧凑，受腐蚀部件少，适于蒸发酸性废液，其缺点是烟气与废水直接接触，残液会受到一定程度的污染，排出的废烟气会污染大气。

（三）蒸发操作的方式

蒸发按操作的方式可以分为间歇式和连续式，工业上大多数蒸发过程为连续稳定操作过程。

第一，按二次蒸汽的利用情况可以分为单效蒸发和多效蒸发。若产生的二次蒸汽不加利用，直接经冷凝器冷凝后排出，这种操作称为单效蒸发。若把二次蒸汽引至另一操作压力较低的蒸发器作为加热蒸气，并把若干个蒸发器串联组合使用，这种操作称为多效蒸发。多效蒸发中，二次蒸汽的潜热得到了较为充分的利用，提高了加热蒸汽的利用率。

第二，按操作压力可以分为常压、加压或真空/减压蒸发。其中真空蒸发（Vacuum Evaporation）又称减压蒸发，是在低于大气压下进行蒸发操作的处理方法。减压/真空蒸发有许多优点：①在低压下操作，溶液沸点较低，有利于提高蒸发的传热温度差，减小蒸发器的传热面积；②可以利用低压蒸汽作为加热剂；③有利于对热敏性物料的蒸发；④操作温度低，热损失较小。

在加压蒸发中，所得到的二次蒸汽温度较高，可作为下一效的加热蒸汽加以利用。因此，单效蒸发多为真空蒸发；多效蒸发的前效为加压或常压操作，而后效则在真空下操作。

（四）蒸发的工艺技术

废水处理中多采用多效蒸发、多级闪蒸、汽压式蒸馏等工艺技术。

1. 多效蒸发

多效蒸发是将几个蒸发器串联运行的蒸发操作，使蒸汽热能得到多次利用，从而提高热能的利用率。在三效蒸发操作的流程中，第一个蒸发器（称为第一效）以生蒸汽作为加热蒸汽，其余两个（称为第二效、第三效）均以其前一效的二次蒸汽作为加热蒸汽，从而可大幅度减少生蒸汽的用量。每一效的二次蒸汽温度总是低于其加热蒸汽，故多效蒸发时各效的操作压力及溶液沸腾温度沿蒸汽流动方向依次降低。

在多效蒸发系统中，将多个蒸发器（锅炉）串联布置，每一级蒸发器的操作压力均低于前一级蒸发器。例如，在一个三级立管式蒸发器中，废水经过预热，进入下一级换热器，废水经过下一级换热器时被逐渐加热。当废水通过换热器时，多效蒸发器中分离出来的水蒸气逐渐冷凝下来。当逐渐升温的废水到达第一级蒸发器时，则以薄膜的形式沿着立管的周边向下流动而被蒸汽加热，废水从第一效蒸发器底部排出供给第二效蒸发器。

在生蒸汽温度与末效冷凝器温度相同（即总温差相同）的条件下，将单效蒸发改为多效蒸发时，蒸发器效数增加，生蒸汽用量减少，但总蒸发量不仅不增加，反而因温差损失增加而有所下降。多效蒸发节省能耗，但降低设备的生产强度，因而增加设备投资。在实际生产中，应综合考虑能耗和设备投资，选定最佳效数。烧碱等电解质溶液的蒸发，因温差损失大，通常只用 2 ～ 3 效；食糖等非电解质溶液，温差损失小，可用到 4 ～ 6 效；海水淡化蒸发的水量大，在采多种减少温差损失的措施后，可采用 20 ～ 30 效。

如果将雾沫控制在较低水平，所有挥发性污染物基本可以在一个蒸发器内去除。挥发性污染物如氨气、相对分子质量较低的有机酸、挥发性和放射性物质等，可以在初级蒸发阶段去除，但如果其浓度很低时，这类污染物可能仍会存留在最终产物中。随着级数的增加，处理成本增加至不可接受的程度时，该级被取消。

2. 多级闪蒸

多年来，多级闪蒸一直用于制取工业脱盐水。在多级闪蒸工艺中，首先经预处理去除废水中悬浮固体和氧气，再经泵加压后进入多级蒸发系统的传热单元，将原料加热到一定温度后引入闪蒸室。每一级均应控制在较低压力下操作。由于减压引起水的汽化，所以称该工艺为闪蒸。当废水通过减压喷嘴进入每一级时，一部分水由于压力降低成为过热溶液而急速地部分汽化，蒸汽在冷凝管外侧冷凝并进入集水盘内。当蒸汽冷凝时，可利用其潜热将返回主加热器的废水预热，预热后的废水在主加热器内被进一步加热后进入第一级闪蒸器。当浓缩后的废水压力降至最低时，则被加压后排出。从热力学的观点分析，多级闪蒸效率低于常规蒸发，但若将多级蒸发器组合在一个反应器内，则可以省去外部连接管线，降低建设投资。

3. 汽压式蒸馏

在汽压式蒸馏工艺中，利用水蒸气压力增加产生的温差传递热量。例如，在废水经过初步加热后，启动汽泵，在较高压力下使水蒸气在冷凝管内冷凝，同时使等量的水蒸气从浓缩液中释放出来。换热器可使冷凝液和浓缩液两部分中的热量保持平衡，在操作过程中唯一需要的能量输入是汽泵的机械能耗。为防止锅炉内盐浓度过高的情况发生，必须定时排放高浓度浓缩废水。

（五）蒸发法在废水处理中的应用

在工业废水处理中，蒸发法主要用来浓缩和回收污染物质。

第一，浓缩高浓度有机废水。造纸黑液、酒精废液等高浓度有机废水可以用蒸发法浓缩回收溶质。例如，在酸法纸浆厂，将亚硫酸盐纤维素废液蒸发浓缩后，可以用作道路黏结剂、砂模减水剂及生产杀虫剂等，也可将浓缩液进一步焚烧，用来回收热量。

第二，浓缩回收废酸、废碱。采用浸没燃烧法处理酸洗废液已经被广泛工业化应用，且取得很好的环境经济效益。纺织、化工、造纸等工厂的高浓度碱液，可以采用蒸发法浓缩后回用于生产。例如，印染厂的丝光机废碱液，通常采用蒸发法浓缩回用。

第三，浓缩放射性废水。废水中大多数放射性污染物是不挥发的，可以用蒸发法浓缩，然后将浓缩液封闭，让其自然衰减。一般经过二效蒸发，即可浓缩到原来的 200 ~ 500 倍，这样减小了储罐体积，降低了处理费用。

二、结晶处理技术

废水的结晶法处理是指蒸发浓缩或降温后，废水中具有结晶性能的溶质达到过饱和状态，先是形成许多微小的晶核，然后再围绕晶核长大，从而将过饱和的溶质结晶出来，达到回收溶质的目的。

结晶的必要条件是溶液达到过饱和。水溶液中溶质的溶解度往往与温度密切相关。大多数物质的溶解度随温度升高而增大；有些物质的溶解度随温度升高而减少，有些物质的溶解度受温度的影响很小。因此，通过改变溶液温度或移除部分溶剂来破坏现有的溶解平衡，从而使溶液呈过饱和状态，即可析出晶体。

结晶法处理废水的目的主要是分离和回收有用的物质。晶粒的大小和晶体的纯度是回收物质品味的重要指标。其主要影响因素有：①溶质的浓度。溶液的过饱和度越高，越容易形成众多的晶核，晶粒就比较小。②溶质的冷却速度。冷却速度越快，达到过饱和的时间就越短，也就越容易形成晶核，晶体颗粒就小而多。③溶液的搅拌速度。缓慢搅拌过饱和溶液，有助于晶核快速形成，并使晶粒悬浮于水中，促使溶质附着成长，晶粒较大；反之，如果搅拌速度过快，形成的晶粒就小而多。④悬浮杂质的含量。悬浮杂质很多时，晶核较多，晶粒就比较小。而且一些悬浮杂质可能黏附在晶体上，降低晶体纯度和质量。因此，在结晶操作前，需要滤除悬浮物。⑤水合物的形式。晶体往往以水合物的形式出现。在不同的条件下，可以生成不同的水合物，它们具有不同的晶格、颜色和用途。实际操作中需根据需要来调节以上因素，从而得到大小、数量、纯度、形态适当的晶体。

（一）结晶设备

结晶设备可以根据结晶过程中是否移除溶剂来划分。移除溶剂的结晶方法中，溶液的过饱和状态可以通过溶剂在沸点时的蒸发或在沸点时的汽化而获得《这种结晶器有蒸发式、真空蒸发式和汽化式等，主要用于溶解度随着温度变化不大的物质的结晶。在不移除溶剂的结晶方法中，溶液的过饱和状态是用冷却的方法来获得的。结晶器有水冷却式和冰冻盐水冷却式。这种方法主要适用于溶解度随温度降低而显著减小的物质的结晶。废水处理中常见的结晶设备有以下方面：

第一，结晶槽。结晶槽属于汽化式结晶器，是一个敞口槽。槽中的结晶完全靠溶剂的汽化来实现，所以结晶时间较长，晶体较大，且产品纯度不高。

第二，蒸发结晶槽。有时把溶液浓缩至结晶的蒸发器作为结晶器，有时先在蒸发器中进行浓缩，再将浓缩液移入另一个结晶器中，完成结晶。

第三，真空结晶器。真空结晶器中真空的产生和维持是利用蒸汽喷射泵来实现的，这样可以使溶剂在低于沸点的条件下汽化。这种结晶器可以连续操作，也可以间歇操作，还可以采用多级操作，其操作原理与多效蒸发相同，这种结晶器结构简单，制造时采用耐腐蚀材料，可以处理腐蚀性废水，生产能力大，操作简单，但费用和能耗较高。

第四，连续式敞口搅拌结晶器。连续式敞口搅拌结晶器是一种敞开的长槽，底部呈半圆形，槽外有水夹套，槽内装有低速带式搅拌器。热而浓的溶液由结晶器的一端进入槽内，沿槽流动。同时夹套内的冷却水逆向流动。由于冷却作用，若控制得当，溶质在进口处附近就开始形成晶核。这些晶核随着溶液的流动而长大为晶体，最后由槽的另一端流出。这种结晶器的生产能力大，而且由于搅拌，晶体粒度细小、大小均匀而且完整。

（二）结晶法在工业废水处理中的应用

第一，从酸洗废水中回收硫酸亚铁。钢材进行热加工时，表面会形成一层氧化铁皮。"在金属加工前需要用硫酸、盐酸或硝酸等对金属进行清洗，产生酸洗废水"[1]。一般采用浓缩结晶法回收废酸和硫酸亚铁。例如，采用蒸汽喷射真空结晶法，可以生产出 $FeSO_4 \cdot 7H_2O$ 晶体，含硫酸等的母液可回用于钢材的酸洗。

第二，从化工废液中回收硫代硫酸钠。当废水中存在几种都有结晶性质的溶质时，则按照它们不同的溶解度以及温度控制，使先后达到过饱和的溶质分别析出与分离。例如，某化工厂的废液中含有氯化钠、硫酸钠和硫代硫酸钠。这三种物质的溶解度随温度的变化规律不同。利用这一特性，可以把废液蒸发浓缩，使 NaCl 和 Na_2SO_4 首先达到过饱和而结晶，并把它们分离出来。然后冷却废液，降低硫代硫酸钠的溶解度，在缓慢搅拌下，使其结晶，进一步回收硫代硫酸钠。

第三，从含氰废液中回收黄血盐。焦化厂、煤气厂的含氰废水中，含氰浓度高达 150～300mg/L，用蒸发结晶法处理，每天用以回收含黄血盐 350～400g/L 的溶液 500L，可以制得黄血盐结晶产品 150kg。

第五节　电渗析与反渗透处理技术

一、电渗析处理技术

将电化学和膜过程结合起来的除盐工艺有电渗析和电除盐。其中电除盐主要用于工业给水中，而电渗析则用于工业废水处理中。

电除盐系统又被称为 EDI（Electro-de-ionization）系统，是利用混合离子交换树脂吸附给水中的阴阳离子，同时这些被吸附的离子又在直流电压的作用下，分别透过阴阳离子交换膜而被去除的过程。这一过程中离子交换树脂是被电连续再生的，因此不需要用酸和碱再生，这一新技术可以代替传统的离子交换装置，生产出电阻率，由于其主要用于工业给水，在此不作详细介绍。本节主要讨论一下工业废水处理中用于回收酸、碱、重金属和水的电渗析工艺。

---

[1]　郭宇杰，修光利，李国亭. 工业废水处理工程 [M]. 上海：华东理工大学出版社，2016：228.

（一）电渗析原理与过程

电渗析过程是电化学过程和渗析扩散过程的结合。电渗析（Hectrodialysis，ED）是指在外加直流电场的驱动下，利用离子交换膜的选择透过性（即阳离子可以透过阳离子交换膜，阴离子可以透过阴离子交换膜），阴、阳离子分别向阳极和阴极移动的一种膜分离过程。在离子迁移过程中，若膜的固定电荷与离子的电荷相反，则离子可以通过；如果它们的电荷相同，则离子被排斥。结果使一些小室的离子浓度降低而成为淡水室，与淡水室相邻的小室则因富集了大量离子而成为浓水室。由淡水室和浓水室分别得到淡水和浓水，原水中的离子得到了分离和浓缩，水得到了净化，从而实现溶液淡化、浓缩、精制或纯化等目的。

在电渗析过程中，除了上述例子的定向迁移和电极反应两个主要过程以外，同时还发生一系列次要过程，如反离子的迁移、电解质浓差扩散、水的渗透、水的电渗透、水的压渗、水的电离等不利过程。例如，反离子迁移和电解质浓差扩散将降低除盐效果；水的渗透、电渗和压渗会降低淡水产量和浓缩效果；水的电离会增加耗电量、浓水室结垢等。因此，在电渗析器的设计和操作中，必须设法消除或改善这些次要过程的不利影响。

（二）电渗析膜

电渗析分离过程的关键之一就是选择离子交换膜。离子交换膜是一种具有离子交换基团的高分子薄膜。

1. 离子交换膜的分类

离子交换膜品种繁多，通常按其结构、活性基团和成膜材料来分类。

（1）按膜体结构分类。①异相膜由粉末状的离子交换树脂和黏合剂混合制成。树脂分散在黏合剂中，因而其化学结构不均匀。由于黏合剂是绝缘材料，它的膜电阻要大一些，选择透过性也差一些。这类膜的优点在于制造容易，机械强度较高，价格较便宜；缺点是选择性较差，膜电阻较大，在使用中也容易受污染。②均相膜由具有离子交换基团的高分子材料直接制成的膜，或者在高分子膜基上直接接上活性基团而制成的膜。这类膜中活性基团与膜材料发生化学结合，组成完全均匀、孔隙小、膜电阻小、不易渗漏，具有优良的电化学性能和物理性能，是近年来离子交换膜的主要发展方向。③半均相膜这类膜的成膜材料与活性基团混合得十分均匀，但两者不形成化学结合。

其性能介于均相膜和异相膜之间。

（2）按膜中所含活性基团分类。①阳离子交换膜（简称阳膜）：与阳离子交换树脂一样，带有酸性活性基团，能选择性透过阳离子而阻止阴离子透过。按交换基团离解度的强弱，分为强酸性阳膜（如磺酸型离子交换膜）、中酸性阳膜（如磷酸基型离子交换膜）和弱酸性阳膜（如羧酸型和酚型离子交换膜）。②阴离子交换膜（简称阴膜）：膜体中含有带正电荷的碱性活性基团，选择性透过阴离子而阻止阳离子透过。按其交换基团离解度的强弱，分为强碱性阴膜（如季铵型离子交换膜）和弱碱性阴膜（如伯胺型、仲胺型、叔胺型等离子交换膜）。③特殊离子交换膜：这类膜包括两极膜、两性膜、表面涂层膜等具有特种性能的离子交换膜。首先，两极膜是由阳膜和阴膜粘贴在一起复合而成的。电渗析时，阴膜面对阴极，阳膜面对阳极，相对离子不能通过，而发生水分子的电离，由 H^+、OH^- 输送电荷。利用这一特性，可以进行盐的水解反应。

两性膜是膜中间同时存在阴、阳离子活性基团，而且均匀分布，这种膜对某些离子具有很高的选择性，可以用作分离膜。

表面涂层膜是在阳膜或阴膜表面上再涂一层阳离子或阴离子交换膜。如在苯乙烯磺酸型阳离子交换膜的表面上再涂一层酚醛磺酸树脂膜，得到的膜对一价阳离子有较好的选择性，而阻止二价阳离子透过。

2. 离子交换膜的性能

离子交换膜是电渗析器的关键部件，其性能是否符合使用要求至关重要。各种电渗析膜必须符合以下性能要求：

（1）具有较高的选择透过性。一般阴、阳膜的选择透过率应在 90% 以上才能使电渗析除盐时具有较高的电流效率。

（2）具有一定的交换容量。膜的交换容量是一定量的膜中所含活性基团数，通常以单位干重膜所含的可交换离子的摩尔数来表示。膜的选择透过性和电阻都受交换容量的影响。一般阴膜的交换容量不低于 1.8mol/（kg 干膜），阳膜的交换容量不低于 2mol/（kg 干膜）。

（3）导电性能好。完全干燥的膜几乎是不导电的，含水的膜才能导电。这说明膜是依靠（或主要依靠）含在其中的电解质溶液而导电的。一般要求电渗析膜的导电能力大于溶液的导电能力。

（4）膜的溶胀或收缩变化小，含水率适量。离子交换膜的含水量一般为30% ~ 50%。

（5）膜的化学性能稳定。要求膜不易氧化，抗污染能力强，耐酸碱。

（6）膜的机械强度高。在电渗析过程中，膜两侧所受的流体压力不可能相等，故膜必须有足够的机械强度，以免因膜的破裂而使浓室和淡室连通。

上述要求有一些是相互制约的。例如，膜选择透过性高，必须具有较多的活性基团，交换容量高。但活性基团多了，亲水性增加，膜就容易膨胀，机械强度也会减弱。

（三）电渗析在工业废水处理中的应用

在废水处理中，根据工艺特点，电渗析有两种类型：一种是由阳膜和阴膜交替排列而成的普通电渗析工艺，主要用于从废水中单纯分离污染物离子，或者把废水中污染物离子和非电解质污染物分开，再用后续工艺进一步处理；另一种是由复合膜与阳膜构成的特殊电渗析工艺，利用复合膜中的极化反应和极室中电极反应以产生 H^+ 和 OH^- 从废水中制取酸和碱。目前，用于废水处理的典型案例列举如下：

第一，放射性废液：某一浓度为 $10^{-3}\mu g$（Ci）/mL 的放射性废液，经二级电渗析器的处理，出水浓度为 $10^{-6}\mu g$（Ci）/mL，再经离子交换树脂混合床处理，最终出水浓度为 $10^{-8}\mu g$（Ci）/mL，达到排放标准。

第二，碱法纸浆黑液中回收碱：用复合膜电渗析过程能回收 70% 的碱，回收每吨碱的耗电量约 2900kW·h，同时也可回收木质素。

二、反渗透处理技术

反渗透（Reverse Osmosis）是一种以压力作为推动力，通过半透膜，将溶液中的溶质和箱剂分离的技术。

（一）反渗透处理技术的操作特点

实现反渗透过程必须具备两个条件：一是必须有一种高选择性和高透水性的半透膜；二是操作压力必须高于溶液的渗透压。

在反渗透过程中，膜的高压侧为溶液。由于水不断透过膜，引起膜表面附近的水分子迅速减少，而溶液主体中的水分子来不及向膜表面补充，使得膜表面附近溶液浓度升高，这样，在膜表面到溶液主体之间就产生了一个浓度梯度，这一现象即为反渗透的浓差极化。由于浓差极化，膜表面溶液的渗透压增大，则反渗透过程的有效推动力减小，透过水量下降，且膜的衰退加快，寿命缩短。当膜表面溶液浓度达到某一数值后，不仅引起严重的浓差极化，还可能在膜表面析出一种或几种盐分，形成垢层，以致影响正常操作。

（二）反渗透膜的性能指标

RO 膜性能指标通常分为三个：脱盐率、产水量、回收率。

第一，RO 膜的脱盐率和透盐率。RO 膜元件的脱盐率在其制造成型时就已确定，脱盐率的高低取决于 RO 膜元件表面超薄脱盐层的致密度，脱盐层越致密脱盐率越高，同时产水量越低。反渗透膜对不同物质的脱盐率主要由物质的结构和分子量决定，对高价离子及复杂单价离子的脱盐率可以超过99%，对单价离子如钠离子、钾离子、氯离子的脱盐率稍低，但也可超过98%（反渗透膜使用时间越长，化学清洗次数越多，反渗透膜脱盐率越低），对相对分子质量大于 100 的有机物脱除率也可过到 98%，但对相对分子质量小于 100 的有机物脱除率较低。

第二，RO 膜的产水量和渗透流率。RO 膜的产水量指反渗透系统的产水能力，即单位时间内透过 RO 膜的水量，通常用吨 / 时或加仑 / 天来表示。RO 膜的渗透流率也是表示反渗透膜元件产水量的重要指标。

第三，RO 膜的回收率。RO 膜的回收率指反渗透膜系统中给水转化成为产水或透过液的百分比，是由反渗透系统中预处理的进水水质及用水要求决定的。RO 膜系统的回收率在设计时就已经确定。

（三）反渗透在废水处理中的应用

第一，电镀废水的处理及回收重金属。采用 RO 过程处理电镀废水可以实现闭路循环；逆流漂洗槽的浓液用高压泵打入反渗透器，浓缩液返回电镀槽重新使用，处理水则补充入最后的漂洗槽。对不加温的电镀槽，为实现水量平衡，反渗透浓缩液还需要蒸发后才能返回电镀槽。

第二，胶片废水的处理。电影制片厂和照相洗印厂排出的胶片处理废水中，可以回收多种有用物质。底片冲洗水中含有硫代硫酸钠约 5g/L，采用 CA 膜经反渗透处理后，淡水中其含量仅为 24mg/L，浓缩液中达到 33.2g/L。操作压力为 2.8MPa，水回收率为 90%，总盐去除率为 94%。

第三，纸浆及造纸废水处理。采用 RO 工艺处理纸浆及造纸废水，BOD5 去除率为 70% ~ 80%，色度去除率为 96% ~ 98%，钙去除率为 96% ~ 97%，水的回用率为 80%。

第七章 双碳背景下工业废水的生物处理技术

第一节 工业废水生物处理的原理

一、工业废水生物处理的理论基础

工业废水生物处理是基于生物学原理的一种废水处理方法，通过利用微生物降解和转化废水中的有机物和污染物，从而将废水净化为环境可接受的水质标准。工业废水生物处理的理论支撑如下：

第一，微生物降解：废水生物处理的核心在于微生物的活动。微生物是废水中的生物体，包括细菌、藻类、真菌等，它们通过降解废水中的有机物，将其分解为较简单的化合物，如二氧化碳、水和微生物细胞质。

第二，生物反应器：废水生物处理通常在生物反应器中进行，如活性污泥法、固定床反应器、曝气池等。这些反应器提供了适合微生物生长和活动的环境，并且通过控制操作参数如曝气率、停留时间等，来实现污染物的有效降解。

第三，生物降解动力学：工业废水中的有机物降解通常遵循一级动力学反应。这意味着废水中有机物的降解速率与其浓度成正比，降解速率随着废水中有机物浓度的减少而减缓。

第四，微生物生长动力学：微生物在废水生物处理过程中生长，生长速率受到底物浓度、温度、pH 等因素的影响。

第五，氮和磷的处理：废水中的氮和磷是微生物生长的关键营养物质，但过量的氮和磷会导致水体富营养化。生物处理方法可以通过硝化、反硝化等过程来降低氮的浓度，通过磷的生物吸附、沉淀等过程来降低磷的浓度。

第六，毒性和抑制效应：废水中可能含有毒性物质，如重金属、有机溶剂等，这些物质可能对微生物产生抑制作用，影响废水生物处理的效果。

第七，反应器设计与运营：合理的反应器设计和运营是确保工业废水生物处理成功的关键。适当的曝气、停留时间、混合等操作参数的选择可以影响废水处理效率。

第八，监测和控制：废水生物处理需要实时监测微生物的活性、废水质量等参数，以及根据监测结果进行适时的调整和控制，以保持处理系统的稳定性和高效性。

综上所述，工业废水生物处理的理论基础涉及微生物降解、生物反应器运作、生物降解动力学、氮磷处理、毒性影响等多个方面，通过综合运用这些理论原理，可以实现工业废水的有效净化和环境保护。

二、工业废水生物处理的影响因素

工业废水生物处理的效果受多种因素影响，这些因素可以分为废水特性、环境因素和处理系统设计等方面，以下是一些主要的影响因素：

第一，废水成分和浓度：废水中的有机物、氮、磷、重金属等成分种类和浓度会直接影响生物处理效果。高浓度的有机物可能导致微生物过载，产生抑制作用，影响降解效率。

第二，pH：废水的酸碱性对微生物生长和废水中污染物的降解有影响。不同微生物在不同的 pH 范围内活动最为活跃，因此 pH 的变化可能影响废水生物处理效果。

第三，温度：温度影响微生物代谢速率和生长速率。较高的温度可以加速废水中污染物的降解，但过高的温度可能对微生物造成不利影响。

第四，溶解氧浓度：微生物需要溶解氧来进行降解和生长。低溶解氧浓度可能导致微生物代谢受限，从而影响废水处理效果。

第五，氮和磷的比例：氮和磷是微生物生长的关键营养元素，它们的比例影响微生物生长和废水中氮磷去除的效率。

第六，微生物群落：废水生物处理依赖于微生物的活动，微生物群落的种类和数量会直接影响处理效果。不同的微生物在降解不同类型的污染物方面有不同的专业性。

第七，反应器类型和操作参数：反应器类型（如活性污泥法、固定床反应器等）和操作参数（如曝气率、停留时间等）会影响废水在处理过程中的停留时间和微生物的活性，从而影响处理效果。

第八，抑制物质：废水中可能含有抑制微生物生长的物质，如毒性有机物、重金属等，这些物质可能降低微生物的降解效率。

第九，循环流动和搅拌：适当的循环流动和搅拌可以保持废水中的均匀分布，有利于微生物与污染物的接触，提高处理效率。

第十，毒性和耐受性：微生物的耐受性和适应性会影响废水处理效果。某些微生物可能对废水中特定污染物更具耐受性，从而影响处理效率。

第二节　工业废水生物处理的微生物类群

工业废水生物处理涉及多种微生物类群，这些微生物在废水中形成复杂的生态系统，协同降解和去除污染物。在工业废水生物处理中，不管采用何种处理构筑物的形式及何种工艺流程，都是通过处理系统中活性污泥或生物膜微生物的代谢活动，将废水中的有机物氧化分解为无机物而使之得到净化的。处理后出水水质的好坏都与组成活性污泥或生物膜微生物的种类、数量及其代谢活力有关。工业废水处理构筑物的设计及日常运行管理主要也是为活性污泥或生物膜中的微生物提供一个较好的生活环境，以发挥其更大的代谢活力。

活性污泥是用于工业废水生物处理的一种微生物混合物，包括多种微生物类群。这些微生物在废水处理过程中共同协作，降解有机物、去除氮磷等污染物，从而将工业废水净化。在多数情况下，活性污泥中的主要微生物是细菌，特别是异养细菌占优势，然后是以细菌为食的原生动物，正常情况下，真菌和藻类都很少。"在活性污泥生物处理系统中，微生物是一个群体，各种微生物之间必然相互影响，并共栖于一个生态平衡的环境之中"[①]。

---

① 　谢冰. 废水生化处理 [M]. 上海：上海交通大学出版社，2020：77.

一、活性污泥中的细菌与菌胶团

（一）活性污泥中的细菌

1. 活性污泥的主要组成菌

（1）异养菌：这些微生物无法从无机碳中获得能量，而依赖于有机物的降解来获取能量。异养菌在活性污泥中主要负责分解有机物，产生二氧化碳和微生物生物质。常见的异养菌包括：①芽孢杆菌属：常见于废水处理中，具有较广泛的代谢能力。②厌氧菌：这些微生物在无氧条件下参与有机物的降解。

（2）硝化菌：这些微生物参与氮循环中的硝化过程，将氨氮转化为亚硝酸盐和硝酸盐。硝化菌通常分为两类：①氨氧化菌：将氨氮氧化为亚硝酸盐。②亚硝酸盐氧化菌：将亚硝酸盐氧化为硝酸盐。

（3）硫氧化菌：硫氧化菌是一类微生物，在生态系统中扮演着关键角色，特别是在硫循环中的硫氧化过程。这些微生物具有独特的代谢能力，能够将硫化物氧化为硫酸盐，从而将硫元素转化为更稳定的形式。这项重要的生化反应不仅有助于维持环境中的硫平衡，还在一些工业废水处理过程中发挥着重要作用。

（4）颗粒污泥菌：这些微生物在废水处理过程中形成颗粒状结构，帮助凝聚悬浮颗粒和污染物，方便后续分离。颗粒污泥菌包括：①纤毛虫：通过摄食微生物和颗粒物质来帮助凝聚。②氨氧化颗粒污泥菌：这些颗粒污泥菌专门参与氨氮氧化的过程，在颗粒污泥中形成特定的结构，有利于氨氮的氧化和硝酸盐的积累。③硝化颗粒污泥菌：这些颗粒污泥菌参与亚硝酸盐的氧化过程，促进硝酸盐的积累。

2. 活性污泥的菌胶团分析

在污水中有的细菌可凝聚成肉眼可见的棉絮状物，这种絮凝体称为菌胶团。在正常的活性污泥中，细菌主要以菌胶团的形式存在。在活性污泥培养的早期，可看到大量新形成的典型菌胶团，它们可呈现大型指状、垂丝状、球状等不规则形状。进入正常运转阶段的活性污泥，除少数负荷较高，废水碳氮比较高的活性污泥外，典型的新生菌胶团仅可在絮粒边缘偶尔见到。因为在处理废水的过程中，具有很强吸附能力的菌胶团把废水中的杂质和游离细菌等吸附其上，形成了活性污泥的凝絮体。因此，菌胶团构成了活性污泥絮体的骨架。在活性污泥中菌胶团的形态变化不一定是菌株的特征，而是与培养过程中条件的变化，如充氧情况、搅拌形式和水质等有密切的关系。

由于菌胶团具有巨大的表面积和本身的黏性，它可以在短时间内吸附大量悬浮有机物质和30% ~ 90%的重金属离子。这种吸附作用对让细菌充分发挥氧化分解有机物的能力大有好处。菌胶团在二次沉淀池中使活性污泥具有良好的沉降性能，所以菌胶团的形成是活性污泥法处理废水不可缺少的基本条件。另外，菌胶团细菌由于包埋在胶质中就不至于被微型动物吞噬；需要固定生活的微型动物、丝状藻类又可以把菌胶团作为栖息和附着生长的场所，这就为重要的水处理微生物的生存和发展提供了方便。

（二）活性污泥中的丝状细菌

丝状细菌不是分类学上的名词，而是一大类菌体细胞相连而成丝状的细菌统称。丝状细菌与菌胶团细菌一样，是活性污泥中重要的组成成分，它们与活性污泥絮凝体的形成和废水净化效果的好坏有着非常密切的关系。丝状细菌在活性污泥中可交叉穿织在菌胶团之间，或附着生长于凝絮体表面，少数种类可游离于污泥絮粒之间。丝状细菌具有很强的氧化分解有机物的能力，起着一定的净化作用。在有些情况下，丝状细菌在数量上可超过菌胶团细菌，使污泥凝絮体沉降性能变差，严重时即引起活性污泥膨胀，造成出水质量下降。

在活性污泥中，丝状细菌的种类和数量都很多，活性污泥中常见的丝状细菌主要有球衣菌属、贝日阿托氏菌属、发硫菌属、纤发菌属、屈挠杆菌属、曲发菌属、微颤菌属、透明颤菌属、亮发菌属、泥线菌属、无色线菌属、微丝菌、诺卡氏菌属和链球菌属的一些种。城市污水厂常见的丝状细菌种类如下：

第一，诺卡氏菌：不规则形状，有真分支，可分布在菌胶团的内部也可以游离在溶液中。菌丝体长 3 ~ 5μm，直径为 1μm 左右，有形状不规则的独立细胞。看不到横隔和缩缢，无鞘，无附着生长物，不能运动。明显的革兰氏阳性、奈氏阴性反应。

第二，贝氏硫细菌：丝体短，小于 200μm，弯曲，能自主运动；丝体内看不到横隔，含大量硫粒；革兰氏染色阴性；奈氏染色阴性；常见于含硫废水的处理系统中。

第三，021 型菌：丝体长 500 ~ 1000μm，略弯，不运动，横隔清晰；细胞形态多变，从盘状（长为 0.4 ~ 0.7μm，直径为 1.8 ~ 2.2μm）到长柱状（长为 2 ～ 3μm，直径为 0.6 ～ 0.8μm），从原则上可形成所有中间形态，但多数为方形细胞；横膈附近常有明显缩缢；无鞘；无分支；偶见放射状生长；不常见附着生长物；细胞中有时有小硫粒；革兰氏染色阴性。

第四，微丝菌：不规则弯曲的菌丝体可以穿织于菌胶团内，可以附着生长于絮状体表面，还可以游离于污泥絮粒之间。菌丝体长为 50 ～ 200μm，直径约为 0.8μm，观察不到单个细胞。光学显微镜下不易看到横膈和缩缢；无鞘，无附着生长物，无分支，不能运动。可见多聚磷酸盐颗粒，革兰氏染色阳性；奈氏染色阳性；硫粒试验阴性。

二、活性污泥中常见的微型动物

活性污泥中常见的微型动物主要是单细胞的原生动物，大约有 228 个种，纤毛虫占绝对优势。有时在活性污泥中也能见到轮虫及其他多细胞后生动物。这些微型动物虽然不是废水生物净化中的主要力量，但却是活性污泥中生物种群的主要构成部分，它们独有的一些形态和生理性状上的特征使得它们在废水净化过程中实际上发挥着非常重要的作用。

（一）微型动物对废水净化的作用

第一，直接净化作用。废水的净化主要靠细菌，但某些微型动物也可以直接利用废水中的有机物质。如一些鞭毛虫能直接通过细胞膜吸收水中溶解性有机营养；变形虫能吞噬水中有机颗粒；典型的以细菌为食的梨形四膜虫在无菌有机培养基上也能生长等。这些例子说明微型动物对废水净化存在一种直接净化作用。

第二，絮凝作用。絮凝是活性污泥中的重要现象，它关系到细菌氧化有机物的能力和污泥在沉淀池中的沉降能力，因而直接影响处理效果和出水质量。菌胶团细菌在絮凝中起着重要作用，但如果出现纤毛虫和轮虫，则可加速絮凝过程。研究人员应用示踪原子法研究纤毛虫促成絮凝作用的机制时指出，纤毛虫能分泌两种物质：一种为多糖类碳水化合物；另一种是单糖结构的葡萄糖和阿拉伯糖。污水中的悬浮颗粒能够吸收集结这些物质形成絮状物。此外，纤毛虫还能分泌一种黏朊，能把絮状物再联结起来成为大的絮凝体。

第三，澄清作用。在活性污泥法处理系统中细菌氧化分解有机物质后要在沉淀池中进行泥水分离。但游离细菌由于个体小、比重轻，很难沉淀，这就会造成出水浑浊。纤毛虫等原生动物具有吞食细菌的巨大能力，如奇观独缩虫在自然水体中 1h 能吃 30000 个细菌。

（二）以微型动物为指示生物

微型动物之所以可以作为活性污泥的指示生物，是因为它们具有以下特点：①数量多。在生活污水的活性污泥中，微型动物总数最多时可超过 10 万个 /mL；②个体大。显微镜低倍镜下就能看见，便于观察。③耐毒力比细菌小。④环境条件改变可引起它们种群、数量与代谢活力的变化。指示生物的作用包括以下方面：

第一，指示处理效果。废水处理效果的好坏主要取决于出水有机物浓度的高低。而有机物浓度的高低又决定了细菌数量的多少。从长期的观察看，鞭毛虫、变形虫和游泳型纤毛虫主要以游离细菌为食，本身自由运动又会增加出水浊度。当它们大量出现时往往表示废水处理效果不好。属于缘毛目的纤毛虫需能低，常在细菌数量开始下降时占优势，本身有柄又可以固定在其他物体上，不会造成出水浑浊。当它们大量出现时，往往是废水净化效果较好的标志。

第二，指示污泥性质。累枝虫属是活性污泥中常见的一类原生动物，它们抵抗环境变化的能力比单个钟虫强。在石油化工、印染等某些工业废水处理中，由于钟虫很少，它们可作为水净化程度好的标志。但在生活污水处理时，由于环境条件对累枝虫的生长特别有利，它们就可大量繁殖，并与丝状菌交织在一起，引起活性污泥沉降困难。在这里，它们又成了污泥膨胀、变坏的征兆。轮虫在活性污泥中主要以游离原生动物、解体的老化污泥为食，它们少量出现说明水的净化程度高，但突发性数量增多则说明污泥结构松散，老化现象严重。

第三，指示细菌活力。由于活性污泥中大多数原生动物以细菌为食，故细菌的活力势必对微型动物的种群与数量产生较大影响。如果把这种情况倒转过来，我们就可以从某些微型动物的种群数量变化上来判断细菌的代谢活力。如小口钟虫是吃细菌的，常在细菌生长活跃，活力旺盛的对数期出现。沟钟虫需要细菌的代谢副产物，故常出现在细菌生长的衰老期。前者可作为细菌活力旺盛的指示生物；后者可以作为细菌活力衰退的指示生物。

第四，指示曝气池技术参数的改变情况。任何一种废水处理装置都有相应的技术参数，在正常情况下这些参数变化不大。但由于生产工艺方法的改变，前处理构筑物、机械装置等发生故障，运营管理上的失误以及气候的骤变等都可能引起某些参数发生变化。微型动物由于对环境条件改变较敏感，也会很快在种群、个体形态、代谢活力上发生相应变化。通过生物相观察，可尽早找出参数改变原因，制订适应对策，以保护细菌的正常生长繁殖，保持废水的正常净化水平。例如，当废水中含有高浓度不易分解的有机物（如染料）时，即可发现钟虫体内有未消化颗粒，长期下去会引起它们死亡。再如，曝气池内供氧不充分或供氧过度时，可看见钟虫顶端突出一个气泡。当曝气池内环境条件极其恶劣时，微型动物还会改变生殖方式，由无性裂殖变为接合生殖，甚至形成孢囊以渡过难关。因此，如果遇到微型动物出现活动力差，虫体变形，缘毛目纤毛虫口盘缩进，伸缩泡很大，细胞质空质化，行动迟缓，有接合生殖，形成大量孢囊等现象，即可认为曝气池技术参数发生改变，反映出生物处理的正常过程受到干扰和破坏。

三、活性污泥中的真菌与藻类分析

（一）活性污泥中的真菌

一般来讲，真菌在活性污泥中不占主要地位，但大量酵母细胞和丝状真菌的存在至少证明某些种类能利用污水中的营养物质，因此也具有净化作用。在一些特殊的工业废水中，真菌的这种作用可能更加明显。例如，假丝酵母属、毕赤氏酵母属的酵母菌氧化分解石油烃类的能力很强；而酵母菌属、镰刀霉属的某些种对 DDT 有一定的转化能力；假丝酵母属、芽枝霉属、小克银汉霉属的真菌能较好地降解表面活性剂。适量的霉菌生长于活性污泥中不仅能促进废水的净化作用，还能依靠它们的菌丝体将若干个小的活性污泥絮体连接起来，从而加速絮凝体的形成。但应注意的是，在霉菌异常增殖的情况下，也会导致丝状污泥膨胀的发生。地霉属对环境的适应力极强，它们在氮、磷不足或 pH 为 3～12 的大变幅范围内都能生存和增殖。真菌在活性污泥中的出现一般与水质有关，它常常出现于某些含碳较高或 pH 较低的工业废水处理系统中。

（二）活性污泥中的藻类

在活性污泥中，藻类的种类和数量都很少。这是因为在曝气池中活性污泥与废水搅动剧烈，不利于藻类进行光合作用。但在推流式曝气系统后的二次沉淀池和表面曝气池的澄清区内，由于具有良好的透光条件，因此有藻类生长。它们对出水中残存的可利用物有进一步的净化作用。藻类是含有光合色素的一类生物，在光照下能进行光合作用，利用无机的 CO_2 和氮、磷盐合成藻体（有机物），在活性污泥中数量及种类较少，大多为单细胞种类；在沉淀池边缘、出水槽等阳光暴露处较多见，甚至可见附着成层生长。在氧化塘及氧化沟等占地大、空间开阔的构筑物中数量及种类较多，呈藻菌共生状态，还可出现丝状，甚至更大型的种类。我们可在氧化塘等处理系统中采用适当的方法采收藻类，以达到去氮、去磷的目的。藻类光合作用释放的氧又可提供污泥中的细菌氧化分解有机物之用。

四、活性污泥中微生物的生态演替规律

活性污泥中出现的微生物很多，但主要类群却只有细菌与微型动物两大类。在活性污泥的培养、驯化过程中，随着水质条件（营养物质抑制物质、温度、pH 和溶解氧等）的变化，细菌与微型动物的种群与数量也发生着相应的变化并遵循一定的演替规律。

原生废水与接种用的活性污泥引进曝气池时夹带着大量的有机物质与异养细菌。在这样的环境中，由于营养充分，各种类型的异养细菌迅速发育长大，并开始为适应新环境而进行调整代谢。接着，在活性污泥中发生了微型动物的初级优势群，主要由鞭毛虫和肉足虫等原生动物组成。植鞭毛虫在曝气池内由于废水剧烈翻腾无法进行光合作用，只能使用第二营养方式进行腐生性营养，将溶解于水中的有机物质经过身体表面渗透到体内加以利用。大多数肉足虫和动鞭毛虫是动物性营养方式，主要以吞食细菌为生。活性污泥培养初期，曝气池内有机物浓度很高，污泥尚未形成，游离细菌很多，因此这个微型动物群可以逐渐扩大。

随着培养时间的推移和自然筛选过程的进行，能够适应这种特定原生废水的异养细菌进入对数生长期大量繁殖并开始产生絮凝体。由于溶解性有机质的不断消耗，杂菌的灭亡与淘汰，菌胶团细菌的粘连凝聚以及微型动物群的增殖扩大，曝气池内营养体系发生了巨大改变。在这种情况下，各类微生物为了更好地生存下去，就相应展开了以获得充足食物为中心的激烈竞争。从细菌、植鞭毛虫、动鞭毛虫和肉足虫这四类微生物来看，细菌与植鞭毛虫主要是争夺溶解性的有机营养，而肉足虫与动鞭毛虫则以游离细菌为主要争夺对象。在这些微生物中，肉足虫与植鞭毛虫竞争最弱。

很快肉足虫就因竞争不过鞭毛虫开始大幅度减少，紧接着，植鞭毛虫也

因竞争不过细菌数量逐渐下降。异养细菌的大量繁殖又为另一些类型的微型动物提供了大量的食料来源，由它们组成了活性污泥中的次级微型动物群。这个动物群内繁殖最快的是游泳型纤毛虫，它们可以和细菌同步生长，虫数随细菌菌数的变化而变化。只要细菌数目多，游泳型纤毛虫就占优势。纤毛虫是单细胞动物中的高级动物，它掠食细菌的能力要比鞭毛虫大得多。因此，当游泳型纤毛虫大量出现后，动鞭毛虫的生长就受到了抑制，优势位置由纤毛虫取而代之。还有一类称为吸管虫类的原生动物，它们可以用吸管诱捕浮游的纤毛虫为食料。当游泳型纤毛虫大量繁殖时，吸管虫也大量出现。这时常可见到吸管虫的吸管上有被攫住的小型纤毛虫。

随着曝气池中有机物质逐步被氧化分解，细菌由于营养缺乏数量下降。由此引起的连锁反应是游泳型纤毛虫和吸管虫数量也相应下降。优势地位逐步转让给了固着型纤毛虫。先是出现游泳钟虫，接着钟虫以尾柄固着在其他物体上生活。由于固着型纤毛虫对营养的要求低，可以生长在细菌很少、有机物浓度很低的环境中。因此，钟虫类的出现和增长标志着活性污泥的成熟。当水中的细菌与有机物质愈来愈少，最后固着型纤毛虫也得不到必需的能量时，便相继出现了轮虫等后生动物。它们以有机残渣、死的细菌以及老化污泥为食料。轮虫的适量出现指示着一个比较稳定的生态系统。

各种微生物出现的程序性主要受食物因子的约束，反映出一个以"有机物—细菌—原生动物—后生动物"顺序排列的食物链过程。这样一条食物链不论是在活性污泥的培养、驯化过程中，还是在正常运行的废水处理系统中都是存在的。但应注意的是，在正常运转的曝气池中，微型动物的种类演替有很大的差别。如在推流式曝气池中，随着水质条件的变化，优势种微型动物的演替不能超出次级微型动物群的范围，即它们最多只能按照"游泳型纤毛虫—固着型纤毛虫—轮虫"这样的顺序进行变换。如果出现大量鞭毛虫或肉足虫，则说明这种污泥还没有驯化好或受到了突变因素的影响，不具有净化废水的正常能力。而在完全混合式曝气池中，由于它的池型构造可使原生废水和活性污泥快速混合，池内各处的水质条件非常均匀，因此优势微型动物比较单一。如果出现了其他优势类群，同样说明此时的污泥处于非正常状态。

第三节 生物膜法与厌氧生物处理技术

一、生物膜法

（一）生物膜法的常见类型

生物膜法是一种工业废水处理的方法，它利用生物膜来附着和生长微生物，将废水中的有机物和污染物降解为较简单的物质。生物膜法通常用于生物处理过程，其中微生物在支撑材料上形成生物膜，以增加微生物与废水之间的接触面积，提高废水的降解效率。生物膜法的常见类型和特点如下：

第一，固定床生物膜法：在这种方法中，生物膜附着在固定的支撑材料上，废水通过这些支撑材料时，微生物在生物膜上生长并降解废水中的污染物。常见的支撑材料包括塑料填料、沸石、聚合物等。固定床生物膜法适用于高浓度有机物的处理，具有较高的处理效率和抗冲击负荷的能力。

第二，流化床生物膜法：在这种方法中，支撑材料被悬浮在废水中，废水通过流化床时，微生物在支撑材料上形成生物膜，降解废水中的污染物。流化床生物膜法具有较好的氧气传递性能，适用于处理一些需要氧气的废水。

第三，旋转生物膜法：旋转生物膜法是一种圆盘式生物膜反应器，盘片表面附着有生物膜，废水通过盘片时，微生物在生物膜上生长，并降解废水中的污染物。旋转生物膜法具有稳定的运行和高度的自动化控制，适用于中等浓度的有机物处理。

第四，浸没生物膜法：在这种方法中，生物膜位于废水中，与废水混合，通过搅拌或曝气来促进微生物生长和废水降解。这种方法适用于处理低浓度有机物和高氮、高磷废水。

（二）生物膜法的工艺特点

1. 生物滤池

生物滤池也称为滴滤池，主要由一个用碎石铺成的滤床及沉淀池组成。滤床高度为 1 ~ 6m，一般为 2m，石块直径为 3 ~ 10cm，从剖面上来看，下层为承托层，石块可稍大，以免上层脱落的生物膜累积而造成堵塞。石块大小的选择还要根据滤池单位体积的有机负荷来决定，若负荷高，则要选择较大的石块，否则会由于营养物浓度高、微生物生长快而堵塞空隙。

废水通过布水系统，从滤池顶部布洒下来，布水系统有固定喷嘴式和旋转式布水器两种。为了保证空气在布水的间隙中进入滤料，早先都采用间歇喷洒固定喷嘴式的布水系统（类似于绿地的浇水喷嘴），包括投配池、配水管网及喷嘴三部分。通过投配池的虹吸作用，废水每隔 5 ~ 15min 从固定埋于滤池中的喷嘴中喷出，喷嘴距地面 0.15 ~ 0.31m。现大多采用旋转式布水器，废水从滤池上方慢速旋转的布水横管中流出，布水管离进滤池表面的高度约为 0.46m；若太高，水流容易受风影响；若太低，水流对生物膜不能起到冲刷作用。

废水通过滤池时，滤料截留了废水中的悬浮物质，使微生物很快繁殖起来，微生物又进一步吸附了废水中溶解性和胶体有机物，逐渐增长并形成生物膜。生物滤池就是依靠滤料表面的生物膜对废水中有机物的吸附氧化作用，使废水得以净化的。流经滤料的水（已被净化）通过滤池下方的渗水装置，集水沟及排水渠最后进入二沉池。滤料间空隙过小，滤池负荷过高，会使生物膜增长过多而造成滤池的堵塞。这时堵塞处得不到废水，不堵处流量过大，造成短流现象，使出水水质下降，严重时整个滤池工作会停顿下来。为保证处理效果和防止滤池堵塞，生物滴滤池的水力负荷率和有机负荷率都不高。

2. 塔式生物滤池

在生物滤池的基础上，参照化学工业中的填料塔方式，建造了直径与高度比为 1：6 至 1：8，高达 8 ~ 24m 的滤池。由于它的直径小、高度大、形状如塔，因此称为塔式生物滤池，简称为"塔滤"。塔式生物滤池也是利用好氧微生物处理污水的一种构筑物，是用生物膜法处理生活污水和有机工业污水的一种基本方法，目前已开始在石油化工、焦化、化纤、造纸、冶金等行业的污水处理方面得到了应用。塔式滤池对处理含氰、酚、腈、醛等的有毒污水效果较好，处理出水能符合要求。由于塔式生物滤池具有一系列优点，故而得到了比较广泛的应用。

（1）塔式生物滤池的主要特征。①塔式生物滤池水力负荷比高负荷生物滤池高 2 ~ 10 倍，达 30 ~ 200m³/m²·d，BOD 负荷高达 2000 ~ 3000g/m²·d，故又称为"超高负荷生物滤池"。进水 BOD 浓度也可以提高到

500mg/L，可用于较高浓度的工业废水处理。②塔式滤池高 8 ~ 24m，直径为 1 ~ 3.5m，直径与高度比介于 1 ∶ 6 与 1 ∶ 8，这使滤池内部形成较强烈的拔风状态，因此通风良好，强化了充氧功能和对易挥发污染物的吹脱作用，生物膜活性更高。此外，由于高度大，水力负荷高，使池内水流湍流强烈，污水与空气及生物膜的接触非常充分，很高的 BOD 负荷使生物膜生长迅速，但较高的水力负荷又使生物膜受到强烈的水力冲刷，从而使生物膜不断脱落、更新。以上这些特征都有助于微生物的代谢、繁殖，有利于有机污染物的降解。③生物相在塔内沿高度方向上产生明显的分层、分级，扩大了净化功能的范围（如硝化作用等）。塔式生物滤池可以采用一处（塔顶）进水，也可以从沿塔身高度上的若干点进水（可看成是多级生物滤池沿高度方向上的组合，类似于多点进水活性污泥法）。

（2）塔式生物滤池的构造。塔式生物滤池采用增加滤层的高度来提高滤池的处理能力。一般滤层高度为 8 ~ 16m，甚至大于 16m。在平面上，一般呈矩形或圆形，它的主要部分包括以下方面：

第一，塔身。塔身起围挡滤料的作用，可用砖结构、钢结构、钢筋混凝土结构或钢框架和塑料板面的混合结构。在整个塔体上，沿高度方向用格栅分成数层，以支承滤料和生物膜的重量。每层滤料充填高度以不大于 2m 为宜，以免压碎滤料。

第二，滤料。滤料的种类、强度、耐腐蚀等的要求与普通生物滤池基本相同。但塔滤由于塔身高，滤料如果很重，塔体必须增加加固承重结构，这不但增加了造价，而且施工安装比较复杂，因此要求滤料的容重要小。另外，塔滤的负荷很高，生物膜增长快，需氧量大，因此对滤料除要求有大的表面积外，还要求有大的空隙率，以利于通风和排出脱落的生物膜。目前，国内外发展的一种玻璃布蜂窝填料和大孔径波纹塑料板滤料兼具上面两个优点，获得了广泛应用。

第三，布水器、通风和排水系统。塔滤的布水器、通风和排水系统与普通生物滤池或高负荷生物滤池基本相同。塔滤一般采用自然通风，但若自然通风供氧不足，出现厌氧状态，就必须采用机械通风，一般用轴流风机。机械通风的风量一般可按气水比 100 ∶ 1 至 150 ∶ 1 来选择风机，或用需氧量来计算，氧的利用率不大于 8%。

3. 曝气生物滤池

曝气生物滤池（BAF）是在 20 世纪 70 年代末 80 年代初出现于欧洲的一

种膜法生物处理工艺，它充分运用了给水处理中过滤技术的先进经验将生物接触氧化法与过滤法工艺相结合，不设沉淀池，通过反冲洗再生实现滤池的周期更替，在废水的二级处理中，曝气生物滤池体现出处理负荷高、出水水质好、占地面积省等特点。到 20 世纪 90 年代初得到了较大发展，在欧洲已有较成熟的技术和设备产品；使用 BAF 的污水处理厂最大规模也已扩大到几十万 m^3/d，同时发展成为可以脱氮除磷的工艺。曝气生物滤池的运行方式可灵活调整，可以处理生活污水高浓度工业废水，也可以用于废水深度处理或饮用水净化。曝气生物滤池的优点如下：

（1）填料的颗粒细小，提供了大的比表面积，使滤池单位体积内保持较高生物量，同时由于滤池周期性反冲洗使得填料上的生物膜较薄，其活性相对较高，生物量可达 10g/L 以上，因此，工艺的有机物容积负荷和去除率都较高。

（2）该工艺的处理装置结构紧凑，生化反应和过滤在一个单元中进行，不需要二次沉淀池，从而有利于发展高效快速的处理工艺，同时节省了占地面积，尤其适合于用地紧张的场合。

（3）气、水相对运动，气液接触面积大，气、水与生物膜的接触时间长，从而提高了氧的利用率（是普通活性污泥法的 2 倍以上），优化了处理效果。在处理水水质相同的状态下，填料的容积负荷高，还可使生物膜处于对数生长期。

（4）生物曝气滤池具有多种净化功能，除了用于有机物去除外，还能够去除 NH_3-N 等。通过沿滤层高度上充氧强度的灵活调整达到下层缺氧区和上层好氧区的相互配合，以实现在同一装置中快速脱氮除磷的功能。

（5）曝气生物滤池在采用上向流或下向流方式运行时均有一定的过滤作用。曝气生物滤池的构造基本上与给水处理的沙滤池相同，只是滤料不同，一般采用活性炭、页岩陶粒、沸石等，其中应用最多的是比重远小于水的粒状有机滤料（粒径为 3 ～ 5mm 的聚氨酯泡沫或聚苯乙烯塑料球），与无机滤料相比粒状有机滤料抗反冲洗的磨损性能更好。

曝气生物滤池有两种运行方式：一种是上进水，水流与空气流逆向运行，称为逆向流或向下流；另一种是池底进水，水流与空气流同向运行，称为同向流或上向流。同向流负荷高，出水水质较差，需设二沉池；而逆向流流速较小，可不设二沉池。

曝气生物滤池主体可分为布水系统、布气系统、承托层生物填料层、反冲系统五个部分，其过滤进、出水管及反冲洗进水（气）设计有其独特之处，以满足曝气生物滤池既能进行上向流又能进行下向流运行之需要。滤池反冲洗一般每天一次，冲洗排水可以返回到调节池、初沉池或预曝气池。为了强化反冲洗效果，曝气生物滤池借鉴了给水处理的最新成果——气水反冲洗技术，气源一般使用压缩空气，充氧和冲洗共用同一气源的做法尽管能够减少部分投资，但会影响滤池的稳定运行，而反冲洗用水通常是处理出水，必要时应设置中间储水池，也可避开进水高峰期在夜间进行反冲洗，以减缓冲洗污水对处理系统的冲击影响。反冲洗对保证曝气生物滤池的正常运行十分重要。

曝气生物滤池的建造完全可以参照给水处理中虹吸滤池的做法，将多隔滤池进行集中布置，以节省占地面积和工程造价，实现自动控制，以便于操作管理。

4. 生物转盘

生物转盘不仅应用于生活污水、城市污水的处理，还应用于化纤、石化、制革、造纸废水的处理，并取得了良好的效果，是一种净化效果好、便于管理、能耗低的生物处理技术。生物转盘技术之所以得到广泛的认可和应用是由于它具有独特的构造和特征。生物转盘由盘片、氧化槽、转轴和驱动装置组成。盘片串联成组，中心贯以转轴。盘片面积的 40% ~ 50% 浸没在氧化槽（亦称接触反应槽）内的污水中，其余部分则暴露在空气中。转轴高出水面 10 ~ 25cm。传动装置由电机、变速器及链条组成，由此驱动转盘慢慢转动，使其交替地与空气和污水接触。

生物转盘的工作原理与生物滤池基本相同，故又被称为浸没式滤池。盘片上长着生物膜。盘片在与之垂直的水平轴带动下缓慢地转动，浸入废水的那部分盘片上的生物膜吸附废水中的有机污染物，当转出水面时，生物膜又从空气中吸收氧气，使吸附在膜上有机物被微生物氧化分解。随着盘片的不断转动，污水得以净化。生物转盘除处理有机物外，只要运行得当，亦能具有硝化、脱氮的作用。在处理过程中，盘片上的生物膜不断地生长、增厚，过剩的生物膜则在由盘片在废水中旋转时产生的剪切力作用下脱落。脱落的生物膜悬浮在氧化槽中与出水一起流入二沉池除去并进一步处置，一般不需回流。

与活性污泥法及生物滤池相比，生物转盘具有很多特有的优越性，它不会发生如生物滤池中滤料的堵塞现象或活性污泥中污泥膨胀的现象，因此可以用来处理浓度特别高或低的有机废水；废水与盘片上生物膜的接触时间比滤池长，可忍受负荷的突变；脱落的生物膜比活性污泥易沉淀；该工艺的管理特别方便，运转费用亦省。

生物转盘的优点包括：①操作管理简单，无污泥膨胀和泡沫问题，运行易控制；②剩余污泥量小，污泥含水率低，沉淀快；③设备构造简单，无须通风、污水和污泥回流和曝气（新发展的曝气生物转盘除外），运行成本低；④生物量大，耐冲击，可处理高浓度废水，也可处理低浓度废水；⑤停留时间短，城市污水处理一般为 1 ~ 1.5h，处理效果好；⑥可采用多层多级布置以节省占地；⑦污泥泥龄长，利用膜内层溶解氧浓度的不同使之具有硝化和反硝化功能，故能脱氮；⑧设计合理，运行正常的生物转盘系统不产生滤池蝇，不产生噪声，因此二次污染问题较少。

生物转盘的缺点包括：①盘片材料较贵，投资大，从造价角度考虑，该技术适合小水量的污水处理工程；②废水中挥发性污染物对环境有一定的影响；③受气候影响较大，故生物转盘一般应建于室内或加盖，并采取一定的通风和保温措施。

二、厌氧生物处理技术

（一）厌氧生物处理技术的发展

"厌氧生物处理运行费用低，还具有剩余污泥量少、可回收能量（CH_4）等优点，因而已经成为废水处理的常用技术"[1]。厌氧生物处理技术最早用于处理粪便污水或城市污水处理厂的剩余污泥。早期的工艺为厌氧消化池，污泥与废水在反应器里的停留时间是相同的，因此污泥在反应器里浓度较低，处理效果差，由于水力停留时间长，所以消化池容积大，基建费用很高。20 世纪 50 年代中期出现了厌氧接触法，厌氧接触法是在普通污泥消化池的基础上，受活性污泥系统的启示而开发的。厌氧接触法的主要特点是在厌氧反应器后设沉淀池，使污泥回流，厌氧反应器内能够维持较高的污泥浓度，使厌氧污泥在反应器中的停留时间大于水力停留时间，因此其处理效率与负荷显著提高。这两种工艺习惯上称为第一代厌氧反应器。

20 世纪 70 年代以来，由于能源危机导致能源价格猛涨，废水厌氧处理技

---

① 林永秀，牟达的. 废水的厌氧生物处理技术浅析 [J]. 农业与技术，2013（9）：20.

术因具有运转费用低，有可资源利用的能源（沼气）产生及在处理高浓度废水方面的一系列优越性而受到人们的重视。经过广泛、深入的研究，一系列高效的厌氧生物处理反应器被开发，如厌氧生物滤池（AF）、升流式厌氧污泥床（UASB）、厌氧流化床（AFB）、固定膜膨胀床（AAFEB）、厌氧折流板反应器（ABR）、厌氧颗粒污泥膨胀床（EGSB）、厌氧内循环反应器（IC）等。AF、UASB，AFB、AAFEB 等称为第二代厌氧反应器，其共同特点是生物固体截留能力强，将污泥停留时间（MCRT）与水力停留时间（HRT）分离，使得厌氧处理高浓度有机废水所需的 HRT 由原来的数十天缩短到几天乃至十几小时，反应器容积缩小，在保证处理要求的前提下，处理能力大幅提高。生物固体截留能力强和水力混合条件良好是高效厌氧反应器有效运行的两个基本前提。但其不足是水力混合条件尚不够理想。例如，厌氧生物滤池运行的关键是高效稳定、易操作管理地使用填料，高效的填料成本较高，而廉价的填料则易造成反应器的堵塞，致使运行过程不能正常进行。升流式厌氧污泥床（UASB）的技术关键是三相分离器的合理设计和成功地培养出性能良好的颗粒污泥，其运行过程中操作管理要求严格，而且其进水悬浮物（SS）含量限制在 4000 ~ 50000mg/L 以下，否则整个处理工艺将难以甚至无法正常运行。

　　ABR、EGSB、IC 等称为第三代厌氧反应器，其不仅生物固体截留能力强，而且水力混合条件好。随着厌氧技术的发展，其工艺的水力设计已由简单的推流式或完全混合式发展到了混合型复杂水力流态。第三代厌氧反应器所具有的特点包括：反应器具有良好的水力流态，这些反应器通过构造上的改进，其中的水流大多呈推流与完全混合流相结合的复合型流态，因而具有高的反应器容积利用率，可获得较强的处理能力；具有良好的生物固体的截留能力，并使一个反应器内微生物在不同的区域内生长，与不同阶段的进水相接触，在一定程度上实现生物相的分离，从而可稳定和提高设施的处理效果；通过构造上的改进延长了水流在反应器内的流径，从而促进了废水与污泥的接触。

　　早期的厌氧消化主要处理 BOD 浓度为 10000mg/L 以上或固体含量为2% ~ 7% 的污水、污泥、粪尿等。随着厌氧微生物和厌氧工艺的不断发展，对各种低浓度污水以及有机固体含量高达 40% 的麦秆、作物残渣等，都可采用厌氧工艺进行处理。

（二）厌氧生物处理技术的特点

厌氧生物处理技术的优点包括：①由于微生物代谢合成的污泥比好氧生化法少，达到一步消化，故可降低污泥处理费用；②与好氧生化法对比，所需的氮、磷营养物较少，且不需充氧，故耗电也少；③污染基质降解转化产生消化气体中含有的甲烷为高能量燃料，可作为能源加以回收利用；④能季节性或间歇性运行，厌氧污泥可以长期存放；⑤可以直接处理基质浓度很高的污水或污泥，对许多基质其运行负荷也较高；⑥对难降解高分子有机物的分解效果较好；⑦与好氧生化法对比，可以在较高温度条件下运行；当利用高温厌氧消化时，其处理效果会提高。

厌氧生物处理技术的缺点包括：①厌氧污泥增长很慢，故系统启动时间较长；②对温度的变化比较敏感，温度的波动对去除效果影响很大；③往往只能作为预处理工艺来使用，厌氧出水还需进一步处理；④对负荷的变化较敏感，运行中需特别注意可能存在的毒性物质。

（三）厌氧生物处理技术的工艺

第一，化粪池。化粪池主要用于居住房屋及公用建筑的生活污水的预处理。化粪池分为两室。污水于第一室中进行固液分离，悬浮物沉于池底或浮于池面，污水可以得到初步的澄清和厌氧处理；污水于第二室中进一步进行澄清和厌氧处理，处理后的水经出水管导出。污水在池内的停留时间一般为 12 ~ 24h；污泥在池底进行厌氧消化，一般半年左右清除一次。由于污水在池内的停留时间较短，温度较低（不加温，与气温接近），污水与厌氧微生物的接触也较差，因而化粪池的主要功能是预处理作用，即仅对生活污水中的悬浮固体加以截留并消化，而对溶解性和胶态的有机物的去除率则很低。运行状况良好的化粪池对 BOD 和悬浮物的去除率仅为 30% ~ 50%。

第二，厌氧生物滤池。厌氧生物滤池的主要优点是处理能力较高；滤池内可以保持很高的微生物浓度而不需要搅拌设备；不需要另外的泥水分离设备；设备简单，操作管理方便。厌氧生物滤池的主要缺点是易堵塞，特别是滤池下部的生物膜较厚，更易发生堵塞现象，因而它主要用于含悬浮物很低的溶解性有机废水。

第三，厌氧接触法。废水先进入混合接触池（消化池）与回流的厌氧污泥相混合，废水中的有机物被厌氧污泥所吸附、分解，厌氧反应所产生的消化气由顶部排出。消化池出水于沉淀池中完成固液分离。上清液由沉淀池排出，部分污泥回流至消化池，另一部分作为剩余污泥处置。在消化池中，搅拌可以用机械方法，也可以用泵循环等方式。排出的消化气可以用于混合液升温，以增加生化反应速度。为提高固液分离效果，混合液在进入沉淀池之前通常需要进行真空脱气预处理。由于采取了污泥回流措施，厌氧接触法的有机负荷率较高，并适合于悬浮物含量较高的有机废水处理，微生物可大量附着生长在悬浮污泥上，使微生物与废水的接触表面积增大，悬浮污泥的沉降性能也较好。

第四，分段厌氧消化法（两相厌氧消化法）。厌氧消化细菌主要由产酸菌群和产甲烷菌群组成。但是，产甲烷菌与基质的反应速度比产酸菌小，因此，在两类细菌共栖在一个厌氧池的条件下，需要仔细地维护管理。二段式厌氧消化法，即将水解酸化的过程和甲烷化过程分开在两个反应器内进行，以使两类微生物都能在各自的最佳条件下生长繁殖。第一段的功能是：水解酸化有机底物使之成为可被甲烷菌利用的有机酸；使由底物浓度和进水量引起的负荷冲击得到缓冲，有害物质也在这里得到稀释；一些难降解的物质在此截留，不进入后面的阶段。第二段的功能是：保持严格的厌氧条件和合适的 pH，以利于甲烷菌的生长；降解、稳定有机物，产生含甲烷较多的消化气；截留悬浮固体，以保证出水水质。二段厌氧消化法具有运行稳定可靠，能承受 pH，毒物等的冲击，有机负荷高，消化气中甲烷含量高等特点。但这种方法设备较多、流程较复杂，在带来运转灵活性的同时，也使得操作管理变得比较复杂。

第八章　双碳背景下典型行业的
工业废水处理实践

第一节　造纸废水处理

造纸行业是重要的工业部门之一，但其生产过程也伴随着大量废水排放。造纸废水含有大量有机物、悬浮物、色素、酸碱度高低不平衡等污染物，对水环境和生态系统造成严重影响。因此，造纸废水处理成为环保领域中一个重要的研究项目。

一、造纸废水的污染特征分析

造纸废水的主要污染特性包括有机物浓度高、色度大、pH 偏低、悬浮物含量大等。具体表现为以下方面：

第一，有机物浓度高：造纸过程中，浆料、漂白剂、胶黏剂等都含有大量有机化合物，这些有机物在水中容易分解，降低水体溶解氧浓度，导致水生态受到损害。

第二，色度大：造纸废水中含有许多色素，这些色素降低了水体透明度，阻碍了水中生物的光合作用和视觉感知，对水生生物造成影响。

第三，pH 偏低：造纸过程中使用的硫酸、氢氧化钠等化学品导致废水酸碱度失衡，使得水体中的酸度增加，造成酸性沉降和土壤酸化。

第四，悬浮物含量大：造纸废水中含有大量悬浮物，这些悬浮物会阻塞水体管道，影响水体流动性，同时也会降低水体的光透过率。

二、造纸废水处理的核心技术

为了有效处理造纸废水，需要采用多种处理技术。常见的造纸废水处理技术包括以下方面：

第一，生物处理技术：生物处理是通过利用微生物降解废水中的有机物和色素来净化水体。常用的生物处理方法包括活性污泥法、固定化生物膜法、生物接触氧化法等。

第二，化学处理技术：化学处理主要是通过添加化学试剂来改变废水的pH，使得废水中的污染物发生沉淀、絮凝等反应，常用的化学处理方法包括中和沉淀法、絮凝沉淀法等。

第三，物理处理技术：物理处理主要是利用物理方法去除废水中的悬浮物，常用的物理处理方法包括颗粒过滤法、沉淀法、吸附法等。

第四，综合处理技术：综合处理是将多种处理技术综合运用，以达到更好的处理效果。综合处理技术不仅能有效去除有机物和色素，还可以降低废水中的化学需氧量（COD）和生物需氧量（BOD）等指标。

三、造纸废水处理的应用前景

随着环保意识的提高和环境法规的日益严格，对造纸废水处理的需求不断增加。因此，造纸废水处理技术的应用前景非常广阔。

第一，环保法规的推动：各国政府对环境保护越来越重视，出台了一系列环保法规和政策，对于造纸企业来说，必须按照规定对废水进行处理，否则将面临罚款或停产等严厉处罚。

第二，企业形象的提升：环保已经成为企业发展的重要标志之一，通过主动治理废水，企业不仅能够获得政府的认可和支持，还可以提升自身形象，增强竞争力。

第三，资源回收利用：在废水处理过程中，废水中的一些有机物和纤维等可回收利用，通过合理的资源回收利用，还可以降低企业的生产成本。

第四，环保产业的发展：废水处理技术作为环保产业的一个重要组成部分，其发展潜力巨大。相关的设备制造、技术咨询、运营管理等服务也将随之兴起。

造纸废水处理是一项重要的环保任务，有效处理造纸废水不仅关乎水体的健康，也与企业形象和经济效益息息相关。随着科技的进步和环保意识的提高，相信在不久的将来，造纸废水处理技术将会得到进一步的提升和完善，为水环境保护和可持续发展做出更大的贡献。同时，政府、企业和社会各界也应加强合作，共同推动环保产业的发展，共建美丽的蓝天碧水。

第二节　焦化废水处理

近年来，随着我国钢铁行业的迅速发展，焦化废水排放量迅速增加。"焦化废水所含污染物种类繁多，包括酚类、多环芳香族化合物及含氮、氧、硫的杂环化合物等数十种无机和有机化合物，是一种典型的高浓度难降解有机工业废水"[①]。焦化废水是有毒害的工业废水，其所含的酚类化合物会对生物组织产生毒害作用，致使生物细胞丧失活力，若人长期地饮用被酚污染的水会导致各种疾病；多环和杂环化合物易致癌、致畸形、致突变；不断向水体排氨氮，会致使水体严重富营养化，严重危害生态环境。

一、焦化废水的来源分析

废水来源主要是炼焦煤中水分，是煤在高温干馏过程中，随煤气逸出、冷凝形成的。煤气中有成千上万种有机物，凡能溶于水或微溶于水的物质，均在冷凝液中形成极其复杂的剩余氨水，这是焦化废水中最大一股废水。其次是煤气净化过程中，如脱硫、除氨和提取精苯、萘和粗吡啶等过程中形成的废水。最后是焦油加工和粗苯精制中产生的废水，这股废水数量不大，但成分复杂。其排放情况如图8-1所示。

① 李望，朱晓波. 工业废水综合处理研究 [M]. 天津：天津科学技术出版社，2017：81.

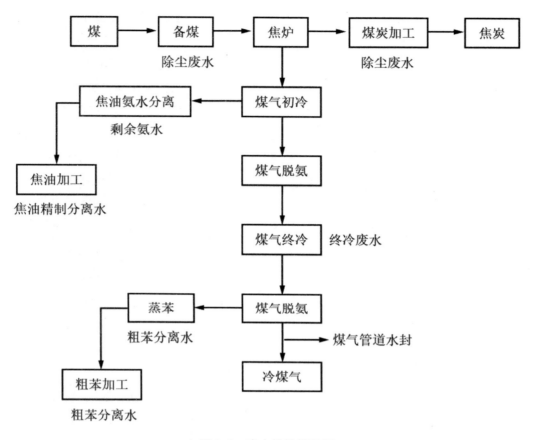

图 8-1　废水排放情况图

（一）原料附带的水分和煤中化合水形成的废水

炼焦用煤一般都经过洗煤，通常炼焦时，装炉煤水分控制在左右，这部分附着水在炼焦过程中挥发逸出；同时煤料受热裂解，又析出化合水。这些水蒸气随荒煤气一起从焦炉引出，经初冷凝器冷却形成冷凝水，称剩余氨水。含有高浓度的氨、酚和氰、硫化物及油类，这是焦化工业要治理的最主要废水。若入炉炼焦煤经过煤干燥或预热煤工艺，则废水量可显著减少。

（二）生产过程中引入的生产用水与用蒸汽等形成废水

这部分水因用水用气设备、工艺过程的不同而有许多种，按水质可分为两大类。

一类是用于设备、工艺过程的不与物料接触的用水和用汽形成的废水，如焦炉煤气和化学产品蒸馏间接冷却水，苯和焦油精制过程的间接加热用蒸汽冷凝水等。这一类水在生产过程中未被污染，当确保其不与废水混流时，可重复使用或直接排放。

另一类是在工艺过程中与各类物料接触的工艺用水和用汽形这种废水，这类废水由于直接与物料接触，均受到不同程度的污染。按其与接触物质不同，可分为：①接触煤、焦粉尘等物质的废水。主要有炼焦煤贮存、转运、破碎和加工过程中的除尘洗涤水；焦炉装煤或出焦时的除尘洗涤水、湿法熄焦水；焦炭转运、筛分和加工过程的除尘洗涤水。这种废水主要是含有固体悬浮物浓度高，一般经澄清处理后可重复使用。水量因采用湿式除尘器或干式除尘器的数量多少而有很大变化。②含有酚、氰、硫化物和油类的酚氰废水。主要有煤气终冷的直接冷却水、粗苯加工的直接蒸汽冷凝分离水、精苯加工过程的直接蒸汽冷凝分离水；焦油精制加工过程的直接蒸汽冷凝分离水、洗涤水、车间地坪或设备清洗水等。这种废水含有一定浓度的酚、氰和硫化物，与前述由煤中所含水形成剩余氨水一起称酚氰废水，该废水不仅水量大而且成分复杂。

二、焦化废水的基本性质

在焦化厂的生产过程中，有很多工段都要产生污染物浓度很高的生产废水，含有大量的酚类、联苯、吡啶，吲哚和喹啉等有机污染物，还含有氰、无机氟离子和氨氮等有毒有害物质。概括来说焦化废水具有以下性质：

第一，成分复杂，由多种有机物和无机物混合而成。其中无机化合物主要是大量氨盐、硫氰化物、硫化物、氰化物等，有机化合物除酚类外，还有单环及多环的芳香族化合物、含氮、硫、氧的杂环化合物等。且含有的有机物如酚、氰等具有毒性。

第二，水质波动大，随着各生产工艺操作规律变化，且水量大。

第三，污染物色度高，而且在水中以真溶液和准胶体的形式存在，性质稳定，废水中的 COD 值和色度很难除去。

第四，废水中的 COD 较高，可生化性较差，其 BOD_5 与 COD 之比一般为 28% ~ 32%，属可生化较难废水。

第五，焦化废水中含氨氮、总氮较高，如不增设脱氮处理，难以达到规定排放要求。

焦化废水的水质因各厂工艺流程和生产操作方式差异而不同。一般焦化厂的蒸氨废水水质如下：COD_{Cr}在 3000 ～ 3800mg/L、酚在 600 ～ 900mg/L、氰在 10mg/L、油在 50 ～ 70mg/L、氨氮在 300mg/L 左右。

三、焦化废水的主要成分

焦化废水所含污染物主要包括酚、NH_3-N、氰化物、硫氰化物、硫化物、苯、焦油等有毒物质，以及吡啶、萘、菲、蒽等杂环化合物和多环芳烃。经 GC-MS 测定，焦化废水中共有 51 种有机物，它们全部属于含苯环的芳香类化合物和杂环化合物。对这些有机物进一步归纳，可分成 14 大类，见表 8-1。其中苯酚类及其衍生物所占比例最大，占质量百分比的 60.08%。其次为喹啉类化合物和苯类及其衍生物，所占比例分别为 13.47% 和 9.84%，这三大类物质构成了焦化废水中的主要有机物。以吡啶类、萘类、吲哚类、联苯类为代表的杂环化合物和多环芳烃（表 8-1 中序号 4 至 14）各所占比例在 0.13% ～ 1.62%，总质量百分比约为 16.61%，这 11 类物质构成了焦化废水中除主要污染物以外的剩余污染物。

表 8-1 焦化废水中有机物类别及含量

序号	质类别	质量百分比（%）	所占 TDC 浓度（mg/L）
1	酚类及其衍生物	60.08	189.85
2	喹啉类化合物	13.47	42.57
3	苯类及其衍生物	9.843	31.09
4	吡啶类化合物	2.42	7.647
5	萘类化合物	1.45	4.582
6	吲哚类	1.1	3.602
7	咔唑类	0.95	3.002
8	呋喃类	1.61	5.277
9	咪唑类	1.60	5.056
10	吡咯类	1.29	4.076
11	联苯、三联苯类	2.09	6.604
12	三环以上化合物	1.80	5.688

序号	质类别	质量百分比（%）	所占 TDC 浓度（mg/L）
13	吩噻嗪类	0.84	2.654
14	噻吩类	1.36	4.290

焦化废水中主要污染有机物的分子结构如图 8-2 所示。

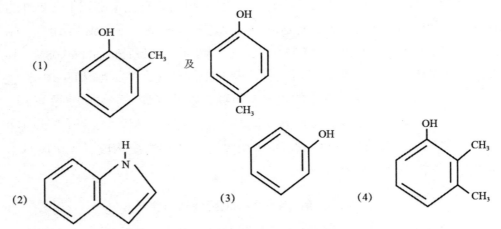

图 8-2　焦化废水中主要污染有机物的分子结构

打破苯环是焦化废水处理的关键反应，其中好氧、厌氧反应的反应式如图 8-3 所示。

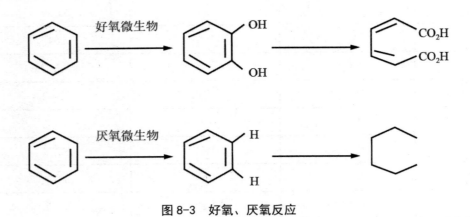

图 8-3　好氧、厌氧反应

四、焦化废水的处理技术

（一）稀释和气提

当废水中毒物浓度超过生物处理的极限允许浓度时，为保证生物处理的正常运行，可采用简单的稀释法将废水中的毒物浓度降低到极限浓度以下。焦化废水中含有的高浓度氨氮物质以及微量高毒性的 CN^- 等对微生物有抑制作用。因此这些污染物应尽可能在生化处理前降低其浓度。常采用稀释和气提的方法。气提法在焦化废水的预处理中用于提取其中的氨氮。一般情况下，气提不能使氨氮达到排放标准，只能作为预处理，仍需进行进一步的处理。

（二）沉淀法

1. 混凝沉淀法

混凝法是向废水中加入混凝剂并使之水解产生水合配离子及氢氧化物胶体，中和废水中某些物质表面所带的电荷，使这些带电物质发生凝集。混凝法的关键在于混凝剂，常见的混凝剂有铝盐、铁盐、聚铝、聚铁和聚丙烯酰胺等，目前国内焦化厂家一般采用聚合硫酸铁助凝剂为聚丙烯酰胺。

上海焦化总厂选用厌氧－好氧生物脱氮结合聚铁絮凝机械加速澄清法对焦化废水进行综合治理，使出水中 $COD < 158mg/L$，$NH_3-N < 15mg/L$。人们开发了一种专用混凝剂 M180，该药剂可有效去除焦化废水中的 COD_{Cr}、色度、F^- 和总 CN^- 等污染物，使废水出水指标达到国家排放标准。用热电厂粉煤灰制得了集物理吸附和化学混凝为一体的混凝剂，使废水中 SS、COD、色度和酚的去除率分别为 95%、86%、96% 和 92%。并介绍了采用混凝澄清法对焦化生化后废水进行深度处理，聚合硫酸铁的投加量在 $20mg/L \sim 30mg/L$，聚丙烯酰胺的投加量在 $0.25mg/L \sim 0.13mg/L$，能够去除 45% 的 COD_{Cr}，37% 的氰化物。

2. 化学沉淀法

化学药剂沉淀法就是向废水中加入化学药剂并使之与废水中的污染物发生化学反应，生成沉淀来去除水中的污染物。采用化学沉淀法处理氨氮浓度较高的焦化废水，往此废水中加入镁盐和磷酸盐，使其与废水中的氨氮反应，生成磷酸铵镁沉淀，可获得较高的氨氮去除率，达到预处理的目标，为后续生化处理奠定了基础。采用镁盐和磷酸盐处理该废水，$Mg^{2+} : NH_4^+ : PO_4^{3-}$

（摩尔比）为 1.4 ： 1 ： 0.8，pH 在 9 左右，废水氨氮的去除率达 99% 以上，出水氨氮的质量浓度可由 2000mg/L 降至 15mg/L。

（三）吸附法

吸附法处理废水是指利用多孔性吸附剂吸附废水中的一种或几种溶质，使废水得到净化。常用吸附剂有活性炭、磺化煤、矿渣、硅藻土等。这种方法处理成本高，吸附剂再生困难，不利于处理高浓度的废水，故用于处理生化后出水。吸附剂还可与其他方法连用。

分别对粉煤、焦粉、活性炭、粉煤灰吸附处理焦化废水的性能进行了研究，发现在生化处理的同时投放少量吸附性物质，可提高不能被生物降解的有机物的脱除效率，污染物的脱除率随吸附性物质吸附能力的大小在 20% ～ 80% 之间变化。粉末活性炭 – 活性污泥法，即 PACT 法优于活性污泥法，提高了不可降解 COD 的去除率，出水水质得到较大改善。对膨胀石墨吸附焦化废水中煤焦油的实验结果表明，膨胀石墨的结构特性和表面特性使其对煤焦油类有机大分子物质表现出极强的吸附能力。膨胀石墨作为处理焦化废水的一种新型有效的吸附材料具有良好的应用前景。在实验室条件下，进行了用粉煤灰作吸附剂净化处理焦化生化水、废水的研究，当粉煤灰添加量为 1.5g/100mL，浸渍时间为 20min ～ 25min 的条件下，处理后的废水除氨氮外，其他各项指标均可达到外排标准。

（四）萃取法

目前多数的焦化厂采用萃取脱酚法进行焦化含酚废水预处理，该方法脱酚的效率可高达 95% ～ 97%，而且可以回收酚钠盐，有较好的经济效益，对于萃取脱酚工艺来说，萃取剂应能对混合物中各组分有选择性的溶解能力，并且易于回收。通常选用重苯溶剂油或 N–503 煤油，酚在 N–503 煤油中的分配系数为 8 ～ 34 不等，不仅分配系数大，而且混合使用效果好，损耗低，毒性较小，较多采用。

萃取法的优点是工艺流程较为成熟，流程简单，操作方便。废水中含酚量的变化对萃取效果影响较小，脱酚效率高，回收大量的酚盐，在污水进入曝气池前降低水中的酚、氰离子和油。缺点是萃取法可以把某种污染物从废水中萃取出来，但萃取剂总有少量溶于水中，萃取后的 COD_{Cr} 多半不能达标，应做进一步的处理。

根据可逆络合反应萃取分离提出了用络合萃取法处理含酚废水技术，开发了高效 QH 混合型络合剂，单级萃取即可使废水达标，同时它对含酚废水有普适性特点。进一步提出了用协同 - 络合萃取法回收含酚废水中的酚类，并开发了 4 种 HC 新型萃取剂。其中使用 HC-3 和 HC-4 萃取剂单级萃取可使废水中的酚含量降至 10mg/L 以下，除酚率可达 99% 以上。研究用松香胺萃取处理含酚废水实验结果表明，用松香胺萃取酚选择性好，酚去除率达 99.9% 以上；萃取液用 NaOH 溶液反萃，回收酚，分离出的萃取剂可循环使用，值得进一步研究推广。

（五）生物处理法

生物处理法是利用微生物氧化分解废水中有机物的方法。这种方法是让生物絮凝体及活性污泥与废水中的有机物充分接触；溶解性的有机物被细胞所吸收和吸附，并最终氧化为最终产物（主要是二氧化碳）。非溶解性有机物先被转化为溶解性有机物，然后被代谢和利用。

生物法具有废水处理量大、处理范围广、运行费用相对较低等优点，但是生物降解法的稀释水用量大，处理设施规模大，停留时间长，投资费用较高，对废水的水质条件要求严格，这也就对操作管理提出了较高要求。

国内焦化行业的废水多采用普通生化处理工艺作为二级处理法。普通生化处理工艺的核心工艺即好氧活性污泥法。工艺的基本原理就是在氧气充足的曝气池中，生长在活性污泥中的好氧菌将废水中的酚、氰及部分有机物氧化成二氧化碳和水，活性污泥再生后循环使用。系统主要由初沉池、曝气池、二沉池等组成。

生物处理法优点是出水的酚、氰、BOD，基本可以达到排放标准。缺点是对焦化废水中的 COD、氨氮特别是有机氮的降解效果很差，出水 NH_3-N 一般在 200mg/L 左右，COD 在 300mg/L 左右，不能达到国家水质排放标准。当废水中氰化物、氨氮浓度太高时会破坏微生物的活动，毒死微生物，影响处理酚的效果。

基于提高好氧活性污泥法对废水的处理效果的目的，国内采用好氧法处理废水的焦化厂普遍通过延长曝气时间（延时曝气法）以求出水 COD、氨氮、酚、氰等污染物浓度达到国家的排放标准。实际运行中，虽然酚、氰去除效果得到了提高，但 COD、氨氮的去除却收效甚微。

生物膜法是通过述附在载体或介质表面上的细菌等微生物生长繁殖，形成膜状活性生物污泥－生物膜，利用生物膜降解污水中的有机物的生物处理方法。生物膜中的微生物以污水中的有机污染物为营养物质，在新陈代谢过程中将有机物降解，同时微生物自身也得到增殖。

生物膜法的主要特点为：微生物种群丰富，除细菌和原生动物外，还出现活性污泥法中少见的真菌、藻类和原生动物等，同时还存在厌氧菌；优势菌种分层生长，传质条件好，有利于有机物的降解；工艺过程稳定，适应性强，可以间歇运行；动力消耗少，运行管理方便，不会发生污泥膨胀现象。

第一，普通生物滤池。污水先进入初沉池，去除可沉悬浮物，接着进入生物滤池。在滤池内设有固定生物膜的载体（滤料），污水由上而下过滤时，不断与滤料相接触，微生物就在滤料表面逐渐形成具有降解有机物功能的生物膜，经过滤池处理的污水和滤池滤料上脱落的老化生物膜流入二沉池，经过固液分离后，排出净化水。

第二，高负荷生物滤池。高负荷生物滤池是在普通生物滤池的基础上加以改进而来的，是通过限制进水 BOD 值和在运行上进行出水回流等技术来实现的。

第三，塔式生物滤池。塔式生物滤池由塔体、滤料、布气系统及通风、排水系统组成。延长了污水、生物膜和空气接触的时间，处理能力相对较高。

第四，生物接触氧化法。净化污水主要依靠载体上的生物膜作用，池内存在一定浓度的悬浮活性污泥，因此兼有活性污泥法和生物膜法的优点。

第五，生物转盘。核心处理装置是表面附有生物膜的盘片。盘片约有一半浸没在污水水面下，盘片在水平轴的带动下缓慢转动。圆盘浸没在污水中时，污水中的有机物被盘片上的生物膜吸附。当盘片离开污水时，盘片表面形成的水膜从空气中获得氧气，在微生物的作用下，被吸附的有机物发生降解和转化。此外，盘片在污水液面以上时，氧气进入盘片表面的液膜中并使液膜中的氧气含量饱和。当盘片在转入污水中时，由于有氧的存在，生物膜继续进行生化反应和吸附。同时通过盘片的搅动，也可把空气中的氧带入反应槽中。在运行过程中，生物膜的厚度不断增加，盘片表面生长的生物膜厚度为 1 ～ 4mm。由于盘片转动可产生剪切力，而且由于生物膜老化附着力降低，在降解有机物的同时生物膜不断进行新老交替。

第六，曝气生物滤池。曝气生物滤池是由浸没式接触氧化与过滤相结合的生物处理工艺。它是一种新型高负荷淹没式三相反应器，兼有活性污泥法和生物膜法两者的优点，并将生化反应与吸附过滤两种处理过程合并在同一构筑物中完成。

第七，生物流化床。生物流化床是借助流体（液体、气体）使表面生长着微生物的固体颗粒（生物颗粒）呈流态化，实现去除有机物的一种生物膜法。

第八，生物移动床。生物移动床是在生物滤池和流化床工艺的基础上发展起来的。它具有生物膜法耐冲击负荷、泥龄长、剩余污泥量少的特点，又具有活性污泥法的高效性和运转灵活性。反应器中微生物量为传统活性污泥法的 5 ～ 10 倍，总生物质量浓度可高达 30 ～ 40g/L，气水质量比多为 3：1 ～ 15：1，载体的填充率为 15% ～ 70%。

（六）高级氧化技术

高级氧化技术（Advanced Oxidation Processes）是近年来水处理领域兴起的新技术，通常指在环境温度和压力下通过产生具有高反应活性的羟基自由基（·HO）来氧化降解有机污染物的处理方法。

由于焦化废水中的有机物复杂多样，其中酚类、多环芳烃、含氮有机物等难降解的有机物占多数，这些难降解有机物的存在严重影响了后续生化处理的效果，高级氧化技术是在废水中产生大量的·HO 自由基，·HO 自由基能够无择性地将废水中的有机污染物降解为二氧化碳和水。高级氧化技术可以分为均相催化氧化法、光催化氧化法、多相湿式催化氧化法以及其他催化氧化法。

1. Fenton 试剂法

Fenton 试剂法是一种采用过氧化氢为氧化剂，亚铁盐为催化剂的均相催化氧化法，过程中产生的 HO· 是一种氧化能力很强的自由基，能氧化废水中有机物，从而降低废水的色度和 COD 值。焦化废水富含酚类物质以及多种生物难降解有机污染物质，因此选用 Fenton 试剂对其进行处理不失为一种有效、实用的方法。采用 Fenton 氧化/混凝法对焦化废水生物出水进行处理，当反应条件控制在：H_2O_2 投加量为 220mg/L，Fe^{2+} 投加量为 180mg/L，聚丙烯酰胺投加量为 4.5mg/L，反应时间为 0.5h，pH 为 7，最终 COD 去除率可达 44.5%，色度可以降为 35 倍，并且证明 Fenton 试剂可将大分子物质氧化断裂成小分子物质。采用 Fenton 氧化法对焦化废水原水进行预处理，实验表明 Fenton 氧化法可以在短时间内有效去除废水中的 COD 和挥发酚等主要污染成分。当 H_2O_2 用量为完全氧化有机物所需理论 H_2O_2 量的 0.5 倍时，反应 10min 时，COD 和挥发酚去除率分别为 54.4% 和 98.6%。经 Fenton 催化氧化

反应预处理的废水 BOD_5/COD 值从 0.27 上升至 0.41，可生化性明显提高。

Fenton 氧化法具有以下优点：反应条件温和，设备比较简单，反应生成的羟基自由基可迅速降解多种有机物，提高废水的可生化降解性。但该方法同时也存在一些缺点：一是适用的 pH 范围小，Fenton 氧化一般在 pH 为 3.5 以下进行，极低的酸度要求增加了处理成本；二是常规的 Fenton 试剂属于均相催化体系，出水中含有大量的铁离子，需进行后续处理。

2. 催化湿式氧化技术

湿式氧化法技术（CWO）是目前研究较为活跃的新技术之一，该处理技术工艺即在一定温度（170 ~ 300℃）和压力（1 ~ 10MPa）条件下，在填充专用固定催化剂的反应器中，利用氧气（空气），不经稀释一次性对高浓度工业有机废水中的 COD、TOC、氨、氰等污染物进行催化氧化分解的深度处理（接触时间 0.1 ~ 2h），使之转变为 CO_2、N_2 和水等无害成分，并同时脱臭、脱色及杀菌消毒，从而达到净化处理废水的目的。该工艺不产生污泥，只有少量装置内部的清洗废液需要单独处置。当达到一定处理规模时，还可以热能形式回收大量能量。

CWO 废水处理技术是依据废水中有机物在高温高压下进行催化氧化（液相燃烧）的原理来净化处理高浓度有机废水的，因此以多种贵金属为主要活性成分的固体催化剂在这一技术中占有重要地位。此外，由于是高温高压操作，因此这一技术对反应器、加热器等设备的材质也有较高的防腐及耐压要求。

湿式催化氧化法具有适用范围广、氧化速度快、处理效率高、二次污染低、可回收能量和有用物料等优点。但由于其催化剂价格昂贵，处理成本高，且在高温高压条件下运行，对工艺设备要求严格，投资费用高，国内很少将该法用于废水处理。

3. 臭氧氧化法

臭氧是一种强氧化剂，能与废水中大多数有机物，微生物迅速反应，可除去废水中的酚、氰等污染物，并降低其 COD、BOD 值，同时还可起到脱色、除臭、杀菌的作用。臭氧的强氧化性可将废水中的污染物快速、有效地除去，而且臭氧在水中很快分解为氧，不会造成二次污染，操作管理简单方便。但是，这种方法也存在投资高、电耗大、处理成本高的缺点。同时若操作不当，臭氧会对周围生物造成危害。因此，目前臭氧氧化法还主要应用于废水的深度处理。在美国已开始应用臭氧氧化法处理焦化废水。

4. 等离子体处理技术

等离子体技术是利用高压毫微秒脉冲放电所产生的高能电子（5～20eV）、紫外线等多效应综合作用，降解废水中的有机物质。等离子体处理技术是一种高效、低能耗、使用范围广、处理量大的新型环保技术，目前还处于研究阶段。经等离子体处理的焦化废水，有机物大分子被破坏成小分子，可生物降解性得到提高，再经活性污泥法处理，出水的酚、氰、COD 指标均有大幅下降。但处理装置费用较高，有待于进一步研究开发廉价的处理装置。

5. 光催化氧化法

光催化氧化法是目前催化氧化法中研究较多的一项技术。它是用光敏化半导体为催化剂，以 HO_2 和 O_3 为氧化剂，在化学氧化和紫外光辐射的共同作用下，使有机物氧化降解。可以用于光催化的半导体纳米子有 TiO_2、ZnO、Fe_2O_3 等，其中 TiO_2 是目前公认的光催化反应最佳催化剂。半导体光催化氧化法的原理为半导体材料吸收外界辐射光能激发产生导带电子和价带空穴，从而在半导体表面产生具有高度活性空穴电子对，进而与吸附在催化剂表面上的物质发生化学反应过程。

在以 TiO_2 为催化剂，H_2O_2 为氧化剂，在紫外光照射下采用多相光催化氧化法对焦化废水进行处理，探讨了影响 COD 去除率的各种因素。实验表明该法可使焦化厂二沉池废水 COD 从 350.3mg/L 降至 53.1mg/L，COD 去除率可达 84.8%。发现在焦化废水中加入 100mL 二氧化钛粉体，在自然光下照射 4h，COD 值去除率可达到 50% 以上。并可以用高级氧化技术处理焦化废水，将废水的 COD 从 8200mg/L 降至 800mg/L，氨氮浓度从 6920mg/L 降至 100mg/L，SCN^- 质量浓度从 820mg/L 降至 0。用光催化氧化法在处理焦化废水，并研究了催化剂、pH、温度和时间对处理效果的影响，研究发现，加入催化剂后，经过紫外光照 1h，可将废水中所有的有机毒物和颜色全部除去。

光催化氧化技术比传统的化学氧化法具有明显的优势，如无须化学试剂，操作条件容易控制，无二次污染，反应条件温和，加之 TiO_2 化学稳定性高、无毒且成本低，具有潜在的优势。特别适合不饱和有机化合物、芳烃和芳香化合物的降解。但该方法也存在一定的局限性，主要表现在催化剂的催化效率低和光在高浓度废水中的传导效率低等方面。

6. 超声辐射法

20 世纪 90 年代以来，超声波应用于水污染控制，尤其在废水中难降解有毒有机污染物的处理方面已取得了一些进展。超声诱导降解原理是超声作用下液体的声空化，即液体在超声作用下产生一定数量的空化泡，在空化泡崩溃的瞬间，会在其周围极小空间范围内产生出 1900 ~ 5200K 高温和超过 50.65 兆帕的高压，温度变化率高达 109K/s，并伴有强烈的冲击波和高达 400km/h 的射流。这些极端环境足以将泡内气体和液体交界的介质加热分解产生强氧化性的自由基如 · H，· OH，· O_2H 等，从而促使有机物的"水相燃烧反应"。声化学反应的声空化机制和声致自由基的生成机制，集超临界点湿式催化氧化和光催化氧化的优点，使非极性分子在空化泡内高温裂解，极性分子和其他还原性离子在气液界面和溶液本体中与活性强的自由基反应，大分子和多环芳香族及其衍生物裂解为易生物降解的小分子，从而为焦化废水的处理提供了一条新的途径。

在对用超声辐照 – 活性污泥联合处理焦化废水研究中，试验证明超声辐照对焦化废水进行预处理后，不仅使其中的一部分有机物完全降解，使之彻底无机化，转变成 CO_2 和 H_2O，而且使其中一部分难降解的有机物转化成了易降解的有机物，使其中惰性有机物的量减少，为后续的生化处理创造了有利条件。经超声波预处理后，焦化废水中无亚硝酸盐氮（有生物毒性）产生，而且超声波预处理的反应液，加活性污泥后，其耗氧速率有明显的降低，说明经超声波预处理的焦化废水对生物无毒性。超声辐照 – 活性污泥联合处理焦化废水 COD。与单独采用活性污泥法相比，废水中 COD_{Cr} 降解率由 45% 提高到 81%，说明超声辐照作为焦化废水的预处理方法效果明显。

在采用超声辐照去除焦化废水中的氨氮实验结果表明，在废水初始 pH8 ~ 9、氨氮初始质量浓度为 121mg/L、饱和气体同时曝气，以及在超声作用下对氨氮去除效果最佳。并且提出超声去除氨氮的作用机理可能是溶液中的氨分子进入空化泡内进行高温热解反应最终转化成氨气和氢气的过程。

7. 电化学法

电化学技术，就是利用外加电场作用，在特定的电化学反应器内，通过一系列设计的化学反应、电化学过程或物理过程，从而氧化降解有机物的一种高级氧化技术。电化学方法处理化工、农药、印染、制革等多种不同类型的有机废水，由于其特有的优越性，一直是国内外学者研究的热点。

选用 $Ti/Ir_2O_3/RuO_2$ 为阳极、C–PTFE 气体扩散电极为阴极降解模拟含酚焦化废水。电解 100min 苯酚的去除率达 100%，COD 去除率达 78%。采用 PbO_2/Ti 作为电极，对电化学氧化法处理焦化废水进行了研究。结果表明，电解 2h 后，废水中 COD 由 2143mg/L 降到 226mg/L，去除率为 89.5%。废水中约为 760mg/L 的 NH_3-N 也被同时去除。研究中发现，电极材料、氧化物浓度、电流密度和 pH 对 COD 的去除率和电化学氧化过程中电流的效率有显著影响。另外，电解过程产生的氯化物 / 高氯化物，能引起非直接氧化，这种氧化在去除焦化废水中污染物的过程中具有重要作用。

8. 超临界水氧化法

超临界水是指温度和压力都高于其临界点的水，当温度高于临界温度 374.3℃，压力大于临界压力 22.1MPa 时，水的性质发生了很大的变化，水的氢键几乎不存在，具有极低的界电常数和很好的扩散、传递性能，具有良好的溶剂化特征。该法在很短的时间内，废水中的 99% 以上的有机物能迅速被氧化成 H_2O、CO_2、N_2 和其他无害小分子。它较之其他废水处理技术有着独特的优势。

在较低温度下对酚进行超临界水氧化实验，发现在很短时间内酚可转化为 2- 苯氧基酚及 4- 苯氧基酚。在实验条件下，苯酚在超临界水中可以有效、彻底地氧化降解，在较高的温度和较长的停留时间条件下，苯酚的降解率可达 99.6%。在用超临界水氧化法处理有机物时，利用催化剂可以提高反应速率，减少反应时间，降低反应温度，控制反应路线和反应产物。

（七）PACT 法（活性炭 - 活性污泥法）

PACT 法（活性炭 - 活性污泥法）是指在活性污泥曝气池中投加活性炭粉末，利用活性炭粉末对有机物和溶解氧的吸附作用，为微生物的生长提供食物，从而加速对有机物的氧化分解能力，活性炭用湿空气氧化法再生。经活性炭吸附法处理过的焦化废水其色度、酚及氰化物等污染物的浓度均能达到国家排放标准，其中酚浓度降至 0.001 ～ 0.05mg/L，氰化物浓度降至 0.1mg/L 以下。PACT- 硝化 - 反硝化法，整个工艺流程采用三个阶段：第一阶为活性污泥加粉末活性炭的 PACT 工艺；第二阶段为将氨氧化为硝酸盐的硝化过程；第三阶段为将硝酸盐还原为分子氮的反硝化过程。可使排放水基本达到 COD100mg/L、NH_3-N15mg/L 的排放标准。可最大限度地利用现有的处理设施，可以节约投资费用，缩短建设周期，适宜于现有焦化厂废水治理设施的改建。

PACT 法（活性炭 - 活性污泥法）去除效果好，投资费和运行费低，但再生较频繁，难免形成二次污染，对氨氮的去除效果没有明显提高。在焦化废水处理中没有得到广泛的推广应用。

第三节 酿造废水处理

"发酵是利用微生物在有氧或无氧条件下制备微生物菌体或直接产生代谢产物或次级代谢产物的过程"[1]。发酵工业是指利用微生物在生命活动中产生的酶对无机或有机原料进行加工获得产品的工业，它包括传统发酵工业（有时称酿造），如某些食品和酒类的生产，也包括近代的发酵工业，如酒精、乳酸、丙酮－丁醇等的生产，还包括新兴的发酵工业，如抗生素、有机酸、氨基酸、酶制剂、单细胞蛋白等的生产。在我国常常把由复杂成分构成的、并有较高风味要求的发酵食品，如啤酒、白酒、葡萄酒、黄酒等饮料酒，以及酱油、酱、豆腐乳、酱菜、食醋等副食佐餐调味品的生产称为酿造工业；而把经过纯种培养、提炼精制获得的成分单纯且无风味要求的酒精、抗生素、柠檬酸、谷氨酸、酶制剂、单细胞蛋白等的生产叫作发酵工业。迄今发酵工业产值已经成为国民经济的主要支柱，其产生的环境问题也日趋严重。

处理酿造废水可按照图 8-4 所示的步骤操作。

---

① 郭宇杰，修光利，李国亭. 工业废水处理工程 [M]. 上海：华东理工大学出版社，2016：306.

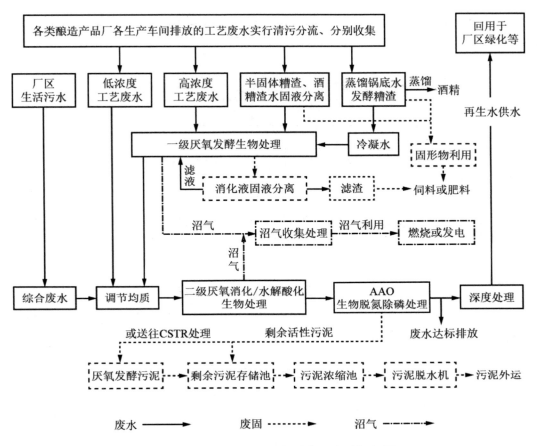

图 8-4　酿造废水处理工艺流程组合总框架图

一、废水的资源回收和循环利用

（一）固形物回收

固形物回收处理工艺流程如图 8-5 所示。

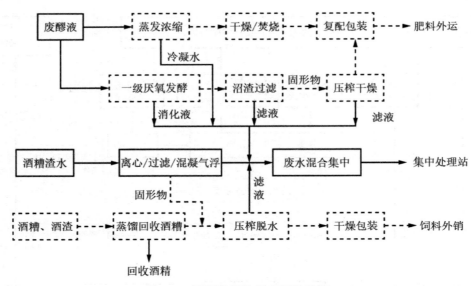

图 8-5 固形物回收处理工艺流程

第一，各类酒糟、葡萄酒渣和白酒锅底水等宜采用"蒸馏"工艺优先回收酒精。

第二，啤酒废水应回收麦糟和酵母，酵母废水和麦糟液应采取"离心"或"压榨"或"过滤"等固液分离方法回收酵母和麦糟并干燥制成饲料。

第三，采用固态发酵的白酒和酒精行业应回收固体酒糟，应采用"压榨 + 干燥"等工艺制高蛋白饲料。

第四，半固态发酵工艺产生的酒糟渣水，可采用"过滤 + 离心 / 压榨 + 干燥"工艺制高蛋白饲料。

第五，液态发酵工艺产生的废醪液，尤其是以糖蜜为原料的酒精废醪液，宜采用"蒸发 / 浓缩 + 干燥 / 焚烧"工艺制无机或有机肥。

第六，悬浮物浓度较高的工艺废水（如一次洗水），宜采用"混凝 + 气浮 / 沉淀"工艺进行固液分离，固形物经干燥可回收利用制作饲料。

第七，葡萄渣皮、酒泥等经发酵后可回收利用制成肥料。

第八，各类酒糟、酒糟渣水如不适宜回收利用制成饲料、肥料，可采取厌氧发酵技术回收沼气能源，沼气可替代酿造工厂燃煤的动力消耗。

第九，回收固形物产生的压榨滤液应送往一级厌氧反应器进行处理，湿酒糟等含水固形物可以采用厌氧生物处理产生的沼气进行烘干。

第十，冷凝水可以根据其污染物（COD_{Cr} 浓度，或按工艺废水单独处理，或混入综合废水进行集中处理。

（二）废水循环利用

适宜循环利用的低浓度工艺废水的 COD_{Cr} 一般不超过 100mg/L。此类废水的循环利用途径如图 8-6 所示。

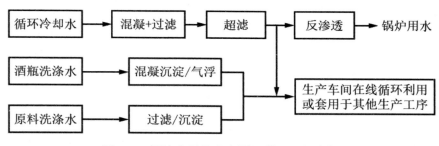

图 8-6 低浓度工艺废水循环利用工艺流程

第一，冷却水宜采用"混凝 + 过滤 + 膜分离（除盐）"工艺进行循环处理，加强循环利用，提高浓缩倍数，减少新鲜水补充量和废水排放量。

第二，酒瓶洗涤废水宜通过采用"混凝 + 气浮 / 沉淀"或"过滤 + 膜分离"工艺的在线处理，实现闭路循环。

第三，原料洗涤废水宜采用"过滤 / 沉淀"工艺实现循环利用或套用于其他生产工序。

污染物浓度较高的原料浸泡水、容器冲洗的一次洗水和蒸发、蒸馏的冷凝水不宜于循环利用，应混入综合废水进行集中处理。

二、高浓度工艺废水的一级厌氧发酵处理

污染物浓度超过综合废水集中处理系统进水要求的各类高浓度工艺废水和回收固形物产生的各种滤液（酒糟压榨清液或废醪液的滤液），应单独收集并进行消减污染负荷的一级厌氧发酵处理，符合综合废水处理系统的进水要求后方可混入综合废水。

一级厌氧发酵处理，可供选择的厌氧反应器包括：完全混合式厌氧反应器（CSTR）、升流式厌氧污泥床（UASB）、厌氧颗粒污泥膨胀床（EGSB）、汽提式内循环厌氧反应器（IC）等技术。优先采用 CSTR，也可以根据污水悬浮物的浓度、自然气候条件和污水特性，以及后续综合废水处理使用的相关厌氧工艺的匹配性，确定适宜的厌氧反应器。当厌氧生物处理对进水悬浮

固体（SS）浓度有要求时，宜采用物化处理工艺进行预处理；混凝剂和助凝剂的选择和加药量应通过试验筛选和确定，同时应考虑药剂对厌氧处理和综合废水集中处理系统中微生物的影响。

薯类酒精和糖蜜酒精的废醪糟、黄酒的浸米水和洗米水、白酒的锅底水和黄水、葡萄酒渣水，以及上述酒类生产设备的一次洗水和酒糟等固形物回收的压榨滤液等高浓度有机物、高浓度悬浮物的工艺废水，应优先选用CSTR。玉米、小麦酒精，啤酒、酱、酱油、醋等行业的高浓度工艺废水，可以选用 EGSB 等类型的厌氧反应器，或者选用"混凝＋气浮／沉淀＋厌氧"的"物化＋生化"的组合处理技术。高浓度工艺废水一级厌氧发酵处理工艺流程图如图 8-7 所示。

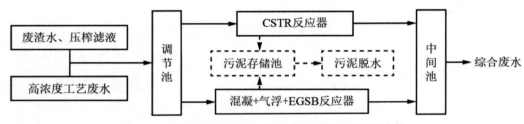

图 8-7　高浓度工艺废水一级厌氧发酵处理工艺流程

三、综合废水的集中处理

酿造综合废水集中处理应根据进水水质和排放要求，采用"前处理＋厌氧消化处理＋生救脱氮除磷处理＋污泥处理"的单元组合工艺流程。

前处理包括中和、均质（调节）、拦污、混凝、气浮／沉淀等处理单元。其中均质（调节）处理单元是必选的前处理单元技术。酿造废水的 pH 调节应尽可能依靠各类工艺废水与酸、碱废水混合后的自然中和，混合后废水的 pH 如仍然不符合进水要求，可以利用废碱液进行中和。前处理工艺流程如图 8-8 所示。

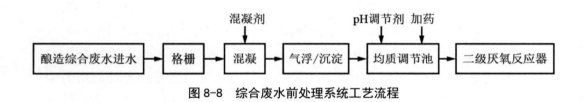

图 8-8　综合废水前处理系统工艺流程

相对于高浓度工艺废水厌氧预处理，酿造综合废水处理的厌氧系统是二级厌氧消化处理，适用于处理高浓度工艺废水的一级厌氧处理出水，也适用于直接处理啤酒、葡萄酒、酱、酱油、醋等酿造制品的酿造综合废水。应当根据系统的进水水质选择适宜的厌氧反应器，其工艺流程如图8-9所示。

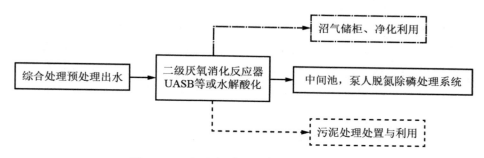

图8-9　二级厌氧消化处理系统工艺流程

酿造综合废水的生物脱氮除磷处理系统包括：厌氧段（除磷时）、缺氧段（脱氮时）、好氧曝气反应池、二沉池等，宜根据有机碳、氮、磷等污染物去除要求，选择缺氧/好氧法（A/O）、厌氧/缺氧/好氧法（A/A/O）、序批式活性污泥法（SBR）、氧化沟法、膜生物反应器法（MBR）等活性污泥法污水处理技术，也可选用接触氧化法、曝气生物滤池法（BAF）和好氧流化床法等生物膜法污水处理技术。生物脱氮除磷处理工艺流程如图8-10所示。

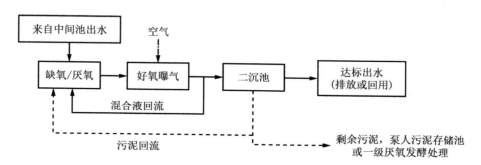

图8-10　综合废水生物脱氮除磷处理系统工艺流程

第四节 纺织染整废水处理

纺织业是我国传统的支柱产业之一，多年来在保障人民衣着需要、为国家积累资金、增加出口创汇方面发挥了重要的作用。纺织工业是用水量较大的工业部门之一，同时也是排污大户，其中各种产品生产过程中排放的印染废水造成的污染最为严重。纺织行业排放的需要治理的废水中80%为印染废水。纺织业是我国出口最具竞争优势的产业，净创汇额一直居各行业之首。但是纺织印染行业技术落后，一直是废水排放大户，因此对于印染废水的治理关系到整个工业污染的改善。

一、纺织染整废水处理的要点

目前，我国大部分印染废水还是以生物处理的方法为主，图8-11为印染废水处理流程图。对于疏水性染料一般采用混凝工艺处理较好，而且，在染色工艺中可以直接采用超滤的方法进行疏水性染料的回收。厌氧的方法对于水溶性废水的脱色效果很好，但需要进一步生物处理，因为厌氧一般停留在破坏发色基团的阶段，产物为未知有机物，毒性不一定比燃料弱。同时厌氧酸化水解也提高了污染物的可生物降解性能。

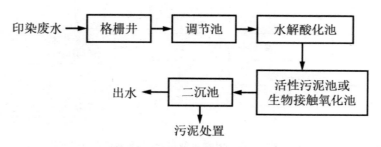

图8-11 印染废水处理流程图

在纺织染整废水处理厂设计中，进行主要单体与构筑物的设计、计算时需要注意以下事项：

第一，格栅。栅槽内流速一般为0.4～0.9m/s，即保证不淤流和不冲流。过栅流速一般为 0.6 ~ 1m/s。并由此计算出栅槽宽、栅条间隙数目和格栅宽度。考虑栅渣堵塞因素会使过栅的断面减少，所以在计算值基础上增加 25% ~ 43%，这样计算可以减少过栅流速，降低水头损失。

第二，调节池。纺织染整废水因水质、水量变化较大，一般都设置调节池。调节池可以和格栅合建；可在调节池内设置潜水提升泵，代替泵房。调节池有效水深一般为 3 ~ 5m，最小水力停留时间可以采用一个生产周期。调节池容积可根据水力停留时间计算；也可以根据调节池进、出水流量曲线计算，调节池最小容积等于一个生产周期内排水泵累计出水量与累计进水量之差。

第三，沉淀池。沉淀池有效水深 2 ~ 4m。用污泥斗排泥时，每个泥斗均应设单独的闸阀和排泥管。泥斗的斜壁与水平面的夹角：方斗为 60°，圆斗为 55°。排泥管的直径不应小于 200mm。当采用静水压力排泥时，初沉池的静水压头不应小于 1.5m，二沉池的静水压头生物膜法不低于 1.2m，活性污泥池后不低于 0.9m。平流式沉淀池每格的长宽比不小于 4，长度与有效水深的比值不小于 8；竖流式沉淀池的直径与有效水深的比值不大于 3；辐流式沉淀池的直径与有效水深的比值宜为 6 ~ 12。

第四，厌氧/兼氧池（区）。厌氧/兼氧池（区）对于含有大量难降解污染物的纺织染整废水，通过在 0.1mg/L < DO < 0.5mg/L 的条件下利用胞外酶的水解作用，破坏难降解大分子有机物长链或环状结构，可以提高废水的可生化性，同时通过污泥回流，可以实现污泥减量化。对于一般纺织染整废水，在厌氧/兼氧池（区）中的水力停留时间为 18 ~ 24h，对于聚乙烯醇、聚酯废水，停留时间不少于 3 天，并采用厌氧折板反应器等传质效果好、去除效率高的反应器形式。

第五，活性污泥池。活性污泥池为满足其功能需要，对于机械曝气池，有效水深一般采用 4 ~ 6m，条件许可时，还可以加深。廊道式池宽与有效水深比宜采用 1 : 1 ~ 1 : 2。

第六，曝气生物滤池。在纺织染整废水中，曝气生物滤池是达标处理的最后关键的措施，具有重要意义。曝气生物滤池进水悬浮物浓度不宜大于 60mg/L，滤料宜选用颗粒活性炭、球形轻质多孔陶粒滤料或塑料滤料，强度大、孔隙率高、物化性能稳定、生物附着性强。

第七，污泥浓缩池。污泥浓缩宜采用重力浓缩，也可以采用气浮浓缩和离心浓缩。浓缩后的污泥含固率应满足选用脱水机械的进机浓度要求，且不低于 2%。重力浓缩池面积可按固体通量计算，并按液面符合校核。辐流式浓缩池的固体通量可取 0.5 ~ 1kg/（m² · h），液面负荷不大于 1m³/（m² · h）。水力停留时间不少于 24h；有效水深不超过 4m；二沉池进入浓缩池的污泥含水率为 99.2% ~ 99.6%，浓缩后污泥含水率可为 97% ~ 98%。

第八，污泥脱水设备。污泥脱水设备有板框压滤机、带式压滤机和离心脱水机三种。离心脱水机操作环境全封闭、脱水机周围没有污泥、废水和恶臭气体，脱水后泥饼含固率高达 65% ~ 80%，但能耗高、投资高、受污泥负荷波动影响大等。板框压滤机无法连续运行，污泥处理能力低，产生大量废水和恶臭，但适用于处理难脱水污泥的脱水，如聚酯废水、碱减量废水的剩余污泥和物化污泥的压滤能力为 5 ~ 10kg（干）/（m² · h），脱水后污泥含水率为 70% ~ 75%。带式压滤机能连续运行，运行效果稳定，处理能力强，且能与污泥浓缩联用，污泥脱水后泥饼含水率为 70% ~ 80%，是大型纺织染整废水处理厂主要的脱水设备。

二、纺织染整废水处理的实践

（一）棉纺织染整废水及处理

棉纺织物占天然织物的 85%。棉纺印染行业使用染料品种和数量最多。由于棉纤维含 93% ~ 95% 的纤维素，在约 6% 的杂质中，蜡状物质为 0.3% ~ 1.5%，果胶物质为 1% ~ 1.5%，含氮物质为 1% ~ 2.5%，灰分约为 1% 等。其中蜡状物质、果胶、含氮物质必须在煮炼时除去。天然纤维素纤维与染料的结合力主要是范德瓦尔斯力和氢键。其使用的染料主要包括活性染料、士林染料、直接染料、硫化染料等，这些染料相对价格较为便宜，但上染率不高，尤其硫化染料，只有 40% ~ 60%，导致废水中污染物浓度较高，处理较为困难。棉混纺织物中化纤成分主要是涤纶，主要采用适于涤纶染色的分散染料，它的上染率较高，但染料中添加剂较多，也给废水治理带来了一定的困难。

染整是对纺织材料（纤维、纱线和织物）进行以化学处理为主的工艺过程，包括预处理、染色、印花和整理。预处理亦称炼漂，主要是除去纺织材料上的杂质，使后续的染色、印花、整理加工得以顺利进行。染色是通过染料和纤维发生物理的或化学的结合而使纺织材料具有一定的颜色。印花是用色浆在织物上获得彩色花纹图案。整理是通过物理作用或使用化学药剂改进织物的光泽、形态等外观。

1. 染整及其废水来源、性质

虽然棉纺制品的纺纱和织造工艺在棉纺厂完成、印染在印染厂完成，但坯布上的浆料却是在印染过程中洗脱下来，并进入废水中的。这部分污染物对印染废水处理影响较大，部分浆料还是难生物降解的有机物。上浆是将整理过的经纱经过浆纱机，使经纱表面形成一层均匀的浆膜。棉纤一般用变性淀粉，涤纶一般采用聚乙烯醇（PVA）、聚丙烯酸酯等。上浆使经纱表面光洁、耐磨，并有较好的弹性和强度及较高的捻度。

棉机织产品经过前处理和印花、染色等工艺加工后，即成为漂白织物、印花织物和染色织物，其工艺流程主要分为以下三种：

（1）纯棉和棉混纺织物的印花生产工艺（图 8-12）。

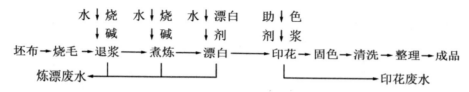

图 8-12　纯棉和棉混纺织物的印花生产工艺

（2）纯棉或棉混纺织物染色生产工艺（图 8-13）。

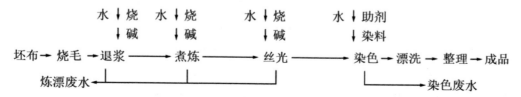

图 8-13　纯棉或棉混纺织物染色生产工艺

（3）纯棉或棉混纺织物漂白生产工艺（图 8-14）。

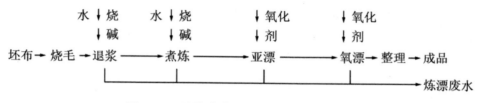

图 8-14　纯棉或棉混纺织物漂白生产工艺

在以上工艺中，烧毛是将织物迅速通过火焰（煤气炉或远红外线）烧去布面上绒毛，使布面美观，同时可防止印花和染色产生着色不均匀现象。

退浆一般是用化学药剂将织物上所带的浆料除去（毛、丝绸无此步骤），使纤维更好地与染料亲和，同时也可以去除织物纤维中部分天然杂质，一般采用碱法退浆。退浆废水水量少，但污染严重，是染整废水有机物的重要来源。纯棉织物用淀粉浆料，此时退浆废水的 BOD_5 约占整个染整废水 BOD_5 的一半。当用 PVA 时，虽然 BOD_5 下降了，但 COD_{Cr} 上升了，退浆废水的 COD_{Cr} 一般在 7000 ~ 10000mg/L，处理更为困难。目前，为了配合高速织机，减少在织造中因为张力造成的断头，上浆率从 6% ~ 7% 提高到 11% ~ 13%，并采用新型聚丙烯酸酯的化学浆料，使退浆废水的 COD_{Cr} 达到 20000 ~ 40000mg/L，而 BOD_5 很低，处理非常困难，必须采用清洁生产，回收浆料，减轻后处理工艺的负担。

煮炼是将织物在浓碱液中蒸煮，以去除退浆后残留在织物上的相对分子质量较大的天然杂质（蜡状物质、果胶和油脂等），并使织物具有较好的吸水性，便于印染过程中染料的吸附与扩散。煮炼液主要是烧碱，并投加硅酸钠或亚硫酸氢钠等助剂作为表面活性剂。煮炼残液一般为黑褐色，pH 很高，有机污染物浓度高，达到数千毫克每升。

丝光是使织物在一定张力作用下，用烧碱处理，使纤维膨化、纱线纹路排列清晰，增加光泽，增强织物对染料的吸附能力。从丝光工序排出的淡碱液，可用多效蒸发等方法回收，但仍有相当数量的废碱液排出，故丝光废水的 pH 高达 12 ~ 13。

漂白的目的是去除织物上的色素，增加织物的白度，并可以继续去除残留的蜡质及含氮物质等。印花布和漂白布产品的漂白一般应用次氯酸钠和过氧化氢两道漂白工序以保证产品质量，漂白工序排放的废水水量大，但污染物含量及色度较低。

印花是将染料或涂料与相关助剂和黏合剂调制成色浆，再通过印花设备印到织物上，通过气蒸固色，最后通过水洗、整理等工序成为最终印花产品。印花废水主要来源于配色调浆、印花滚筒、印花筛网的冲洗废水，以及印花布后处理时的皂洗、水洗废水。由于印花色浆中，浆料量比染料量多几倍到几十倍，故印花废水中含有大量的浆料、染料和助剂。印花滚筒镀筒使用重铬酸钾花筒剥落时有三氧化铬产生，这些含铬的雕刻废水虽然是由印花车间产生的，但不能与印花工序废水混在一起或与整个染整废水混在一起，必须单独处理。

染色是将织物从染液中浸泡、穿过，使织物染上所需颜色。染液是将染料和各种助剂按照一定剂量在水中混合配置而成的。纯棉织物是在常温下染色，而涤纶织物需在高温下染色。染色过程中一定量染料上染到织物上，剩余染料则排放到废水中。为促使染料更好地上染到织物上使用的助剂，可增强染色的牢度，创造一个好的染色环境，但最终几乎全部残留在染色残液及其后的漂洗水中，因此，染色排放的废水含有一定量染色残液，与印花相比，污染物浓度较高。

整理废水含有纤维屑、甲醛树脂、油剂和浆料，水量小，对染整废水影响不大。

织物在每次经过退浆、煮炼、丝光、漂白后，都需要漂洗，以去除每道工序带出的相应的污染物，这些废水统称为漂炼废水，也称为前处理废水。漂炼废水的 pH 较高，色度较低，有机污染物含量较高。而染色与印花产生的废水主要含有染料、涂料及助剂等，色度较大。目前，大部分印染厂的漂炼废水和印染废水都是混合排放的，而且随着加工产品要求的不同，水质变化很大。

2. 废水治理的典型方法与工艺

由于纺织染整废水成分复杂，处理时往往需要多种方法组合。在流程组合时，一般采用先易后难的原则。废水中易于去除的污染物先进行处理，同一种污染物先用简易的方法降低浓度，然后再进一步精细处理。对于棉纺织染整废水，可生化性较好，但废水污染物浓度高，pH 也较高，因此一般经过预处理才能采用生化处理，即首先调整 pH 至弱碱性，再采用厌氧－兼氧－好氧工艺处理，其中色度通过后序的絮凝工艺去除。

（1）生化处理工艺。在染整废水生化处理中，推流式活性污泥法采用得最多，仅少数较老的染整厂采用表面曝气或射流曝气。对于中小型企业，为了节省污泥回流泵房，采用生物接触氧化法处理染整废水。

第一，兼氧－好氧推流式活性污泥法。以棉为主的染整废水，COD_{Cr} 一般超过 1000mg/L，采用推流式活性污泥法污泥负荷可取 0.20 ~ 0.22kg（BOD_5）/[kg（MLSS）·d]，曝气时间 12h，污泥浓度 2 ~ 3g/L。如果是以棉和混纺织物为主的染整废水，当化纤比例较高时，PVA 和难生化降解染料含量较多，前处理要采用兼氧水解酸化，停留时间可采用 18 ~ 24h，同时在好氧池增加曝气时间，并采用较低的污泥负荷，如污泥负荷采用 0.10 ~ 0.2kg（BOD$_5$）/[kg（MLSS）·d]，曝气时间 12 ~ 16h，污泥浓度 2 ~ 3g/L。

第二，延时曝气活性污泥法。一般延时曝气活性污泥法的曝气时间为 16 ~ 24h，污泥浓度 1.5 ~ 2.5g/L，污泥泥龄 15 ~ 30 日。

第三，生物膜法。在棉及棉混纺织物染整废水中，采用生物接触氧化法较为普遍。其特点是没有污泥回流，不产生污泥膨胀，运转管理方便。但相对于活性污泥法，其对染整废水色度的去除率比活性污泥法低，COD$_{Cr}$ 的去除率低 5%。因此，生物膜法一般用于浓度较低、生化性较好的针织、毛纺染整废水，并增加物化或其他深度处理工艺。

（2）物化处理工艺。当染整废水的 B/C（BOD$_5$/COD$_{Cr}$）小于 0.2，COD$_{Cr}$ 大于 1200mg/L，pH 为 12 ~ 14 时，不能直接生化处理，宜首先采用物化预处理，然后采用厌氧或兼氧 – 好氧联合处理。常用的物化处理为絮凝或混凝法。混凝法又包括混凝沉淀和混凝气浮两种方法。

目前印染厂使用最广泛的无机混凝剂为聚合氯化铝（PACl），废水中不溶性的染料（如还原染料、硫化染料、分散染料、偶合后冰染染料、分子量较大的部分直接染料等）及涂料、颜料，在废水中呈悬浮状，通过絮凝沉淀可以达到较好的处理效果。而对于水溶性的染料（如活性染料、阳离子染料、酸性染料、金属络合物染料及部分直接染料等）和助剂基本没有效果。

（二）毛纺染整废水及处理

毛纺织产品是指一部分为动物毛或大部分为动物毛，其余部分为化学纤维（涤纶、腈纶、黏胶等）、天然纤维（棉、麻、丝），通过纺、织、染、整理等工序而形成的产品。毛纺染整行业占纺织业天然纤维加工量的 5% ~ 8%，毛纺工业中天然纤维为动物的毛，是蛋白质纤维，由氨基酸组成，成分复杂，相对分子质量大。

1. 洗毛废水及处理

从动物身上剪下的毛含有各种杂质，其主要为毛脂（脂肪酸、高分子醇及酯的复杂混合物）、汗渍（有机酸盐类及无机酸盐类，易溶于水）和固体杂质（主要为尘砂及植物性草刺）等。在毛进行纺纱、织造、染色之前，必须将其清洗去除，使其成为纯净的纤维，这一过程称为洗毛。洗毛废水中含有高浓度有机物。

洗毛工艺如图 8-15 所示。

图 8-15　洗毛工艺流程

洗毛工艺流程中：①选毛是将不同品质或部位的毛进行分选。②开毛是将分选后呈块状的毛松开，主要是为了除去沙、土等固体杂质。③洗毛是在水中加入一定量的纯碱和洗涤剂，去除毛所含的汗渍、毛脂等。一般采用五至六槽式联合洗毛机，具体步骤为：第一浸湿槽→第二净洗槽→第三净洗槽→第四漂洗槽→第五漂洗槽。其中主要在第二、第三净洗槽中提取羊毛脂，第四、第五槽的水不断回用补充到第二、第三槽，整个系统则不断向第一、第四、第五槽补充新鲜水。

洗毛过程中，第一槽水不断排出，第二槽、第三槽的水只是循环到一定程度才排放，排放的废水中有机污染物浓度较高，但可生物降解性良好。随着毛的原产地不同，毛洗净率也不同，一般为 30% ~ 70%，其余的作为污染物进入废水中。羊毛脂是脂肪酸和高级一元醇化合而成的酯，1kg 羊毛脂相当于 $3kgCOD_{Cr}$。一般澳毛脂含量达到 18% ~ 25%，新疆细羊毛含脂 9% ~ 12%。羊毛脂为重要的国防、医药原料，因此洗毛过程中脂含量高于 8% 时必须加以回收。五槽洗毛工艺原理图 8-16 所示。

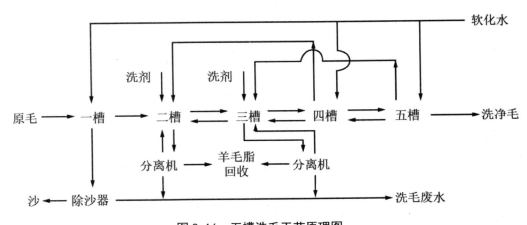

图 8-16　五槽洗毛工艺原理图

洗毛废水水质随所用毛的种类和洗毛工艺、用水量不同而有差异，但都含有泥沙、汗（80% 为碳酸钾）、毛脂、洗涤剂等，COD_{Cr}、BOD_5 达到几万毫克每升。洗毛用水量一般为 40 ~ 50m³ 水 /t 原毛。

炭化过程主要是去除毛中含有的植物性杂质（草籽、草叶等）。将含杂质的洗净毛在酸液中通过，再经烘焙，使杂质变为易碎的炭质，再经机械搓压打击，最后利用风力将其分离。去除杂质的毛再采用中和的办法，去除羊毛上含有的过多的酸，经烘干成为炭化洗净毛。

炭化废水 pH 在 2 ~ 3，COD_{Cr} 200 ~ 300mg/L，硫酸浓度 2 ~ 3g/L，必须经中和过滤后回用。

洗毛废水闭路循环处理系统利用脂、水泥混合物、水之间不同的密度，在高速离心力的作用下，使其分离。该系统由除沙、羊毛脂提取和蒸发三部分组成。

泥沙去除部分由过滤器、加压水泵、玻璃锥形除渣器、离心分离机和斜板沉淀箱组成，除泥效率可达 92%。除泥后的洗液可直接回槽使用，也可进入提油部分提取羊毛脂。

羊毛脂提取部分由调节槽、板式加热器、离心分离机、加热集油箱组成，用于从洗液中提取羊毛脂。

蒸发部分由过滤器、热水泵、除泥设备、蒸发循环箱、蒸发器、离心分离机和回水箱组成。

2. 毛纺产品洗毛和染色废水处理

由于毛纺染整厂废水中含有大量有机物，废水的 B/C 为 0.3 ~ 0.35，而且废水的 pH 接近中性，水温较高，部分助剂中含有 N、P 等元素，基本能够满足微生物生长的需要，因此一般采用生物化学的方法进行处理该废水。常见的处理工艺流程如图 8-17、图 8-18 所示。

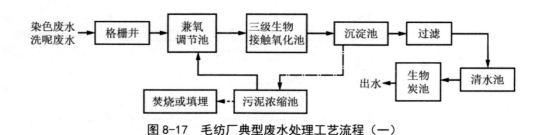

图 8-17　毛纺厂典型废水处理工艺流程（一）

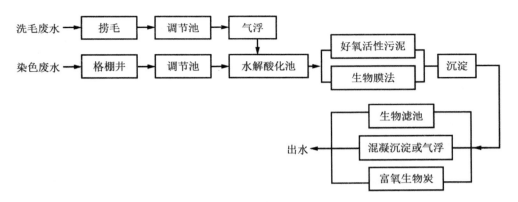

图 8-18　毛纺厂典型废水处理工艺流程（二）

在生化处理中主要采用活性污泥法（推流式活性污泥法 MSBR）及生物膜法，近几年我国主要采用生物膜法中的生物接触氧化池。生物法对废水中有机物均具有较高的去除率，COD_{Cr} 去除率一般为 50% ～ 70%，BOD_5 去除率在 90% 以上，色度去除率 50% ～ 70%，六价铬一般检测不出。由此可见，单纯的生化处理并不能使出水达标，一般要和深度处理组合处理，才能保证出水水质达标。

由于毛纺厂废水一般是间歇排放，水质水量随时间而不同，废水经过格栅或筛板、捞毛机去除水中毛纤维或其他悬浮物后，必须进入调节池调节水质水量，停留时间一般为 8 ～ 12h。如果条件允许，还可以延长，同时起到水解酸化的作用。

深度处理一般采用化学混凝沉淀或气浮、生物滤池、生物活性炭等。混凝法中一般选用聚合氯化铝（PAC）或聚丙烯酰胺（PAM）。

（三）丝绸染整废水及处理

丝绸印染行业（真丝 15%，仿真丝 85%）和麻纺印染行业共占纺织总量的 5%。天然蚕丝主要是由丝素（70% ～ 80%）、丝胶（20% ～ 30%）、蜡质（0.4% ～ 0.8%）、碳水化合物（1.2% ～ 1.6%）、色素（0.2%）、灰分（0.2%）等。丝素是线状结构的蛋白质，是丝织原料，而丝胶是支链蛋白质，不易染色，当温度高于 60℃时，即可从丝素上脱落下来，溶解在水中。

从蚕茧到制成生丝的过程称为"制丝"，主要包括蚕茧收烘、剥茧、选茧、煮茧、缫丝、复摇、绞丝、制成成品。煮茧是在 40℃下浸泡蚕茧，使单根丝能从蚕茧上剥离下来，即溶解一定量的丝胶的过程，该废水是易于生物降解的。

天然蚕丝纤维较长，经纱一般不上浆或很少上浆；人造丝低捻或无捻，故需用明胶或甲基纤维素等水溶性浆料上浆，这些浆料在织物染色之前必须退浆，因此会产生退浆废水。织丝机可生产平纹织物或交织物，并依此分为绸、缎、绉、锦、罗、绫等多种式样。而绢丝是天然蚕丝、缫丝的下脚料加工而成的，也属于丝绸产品。

1. 丝绸染整的废水来源

丝绸染整工艺的生产工艺如图 8-19 所示。

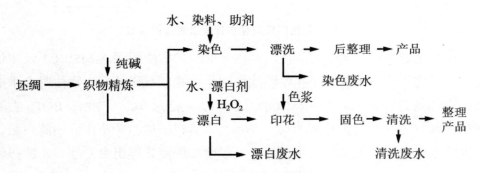

图 8-19　丝绸染整工艺的生产工艺

织物精炼在去除剩余丝胶外，还需去除捻丝和织造过程中沾上的油脂、浆料、色浆、染料等。目前较多使用碱法精炼，主要使用纯碱、泡花碱等，要求配置的炼液的 pH 使得丝胶溶于水而丝素不溶。

当需要染成浅色或织成白色织物时，还要进行漂白。漂白采用过氧化氢等氧化剂。漂白过程产生一定量的废水，污染物浓度较低。

真丝织物在染色和印花时主要采用酸性染料、直接染料、活性染料及相应的助剂。染色过程会产生一定量染色废水，但由于染料上染率较高，废水色度和有机污染物浓度较低，废水的可生物降解性较好。印花过程亦产生一定量漂洗水，气蒸固色后采用清水漂洗，洗去浮色，这部分水量较少，浓度较低。

与棉纺、毛纺印染相比，无论染色还是印花过程，需用染料和助剂剂量均较小，且上染率较高，废水的浓度低，可生物降解性能好。

丝绸综合废水具有以下特点：

（1）pH 一般接近中性且变化幅度不大，生化处理时无须调整 pH；

（2）COD_{Cr} 浓度较低，尤其是丝绸印染联合厂废水 COD_{Cr} 浓度仅为

250 ～ 450mg/L，B/C 为 0.3，可生化性较好。

（3）废水色度较低。

综上所述，丝绸纺织染整综合废水有利于低成本条件下实现对废水的深度处理和回用。

2. 丝绸染整废水的处理

根据丝绸染整废水的特点，目前国内对丝绸染整废水的处理方法通常有：活性污泥法、混凝气浮法和生物接触氧化法等。

（1）活性污泥法。有的丝绸炼染厂采用圆形合建式表面加速曝气池，曝气时间 3h，通常 COD_{Cr} 去除率 50% ～ 60%，BOD_5 去除率 80% ～ 85%；一些丝绸印花厂采用射流曝气，COD_{Cr} 去除率 60%，BOD_5 去除率 85%，色度去除率 75%；染丝厂采用深层鼓风曝气，COD_{Cr} 去除率 65%，BOD_5 去除率 85%，色度去除率 65%；上海丝绸厂采用物化、再生－吸附曝气池和低压鼓风曝气方式，曝气时间 8 ～ 10h，当进水 COD_{Cr} 300 ～ 800mg/L、BOD_5 100 ～ 380mg/L、色度 64 ～ 160 倍时，COD_{Cr} 去除率 60% ～ 80%，BOD_5 去除率 90% ～ 95%，色度去除率为 50% ～ 80%。由此可见采用不同的曝气方式的活性污泥法都能部分或大部分地去除废水中的有机污染物和色度。

（2）混凝气浮法。混凝能够去除废水中非溶解态的胶体或悬浮物，可以作为废水的预处理工艺，后续仍需生化处理，去除溶解性的有机物。采用混凝气浮时，溶气罐压力宜选用 3 ～ 4kgf/cm^2（1kgf/cm^2=98.07kPa），溶气水在罐内停留时间为 3 ～ 5min，混凝反应时间为 5 ～ 10min，气浮分离时间为 25 ～ 35min。采用 PAC 时，混凝剂投加量一般为 60 ～ 120mg/L。

第五节　电镀废水处理

一、电镀废水的主要来源

电镀废水来源于以下方面：

第一，镀件清洗水。"电镀后零件要经过多道清水漂洗，产生大量的清洗水"[1]。

第二，碱性除油液。镀件前处理工序的油污去除都采用浓度不同的碱性物质。除油液配成后，由于零件不断带出溶液，一般工厂都每日分析含量，按需要补充化工料。用得时间长了，溶液老化，各厂都根据本厂具体情况，定期或不定期地采取"沉降法"淘汰一部分老化溶液。

第三，除锈、活化槽废液。除锈、活化的酸液使用时间长了，要加入新酸，由于铁等金属离子和酸不溶物的逐步积累，破坏溶液性能和产品质量，所以到一定时间，工厂都采取"沉降法"淘汰一部分溶液。

第四，老化报废的电镀液、镀槽排出的残液。电镀液都有一定的寿命，化学镀废液、化学镀镍、化学镀铜的溶液使用周期很短，当杂质积累过多时，难以处理或处理成本过高时，就不得不将其更换。

第五，塑料电镀的粗化液。塑料电镀的前道工序大部分都采用高浓度铬酸作粗化液，使用到一定时间就要淘汰更换。

第六，溶液过滤。很多镀液都采用循环过滤，过滤后，对水槽、滤纸、滤芯、滤筒进行清洗时，其滤渣和清洗水，以及镀槽底部浓的、杂质多的液体、泥渣，用水稀释后全部排入废水中。

第七，退镀液。电镀层质量不合格，要将不良镀层退除。退镀液的种类繁多，浓度也高使用周期短。

第八，清洗镀槽、容器洗极板等的洗涤废水。

第九，钝化以及除锈、活化等物质。

第十，化验用水等。

第十一，地坪冲洗水。生产车间常因设备状况不好、操作不当等原因造成跑、冒、滴、漏。

镀件清洗水占车间废水排放量的80%以上，废水中大部分污染物质，如镍、铜、等重金属、氰化物，是由镀液表面的附着液在清洗时带入的。不同镀件采用不同的电镀工艺和清洗方式，废水的排放量及废水中的污染物浓度差异很大。其含量的大小与车间管理水平和装备有关。

---

[1] 段光复. 电镀废水处理及回用技术手册（第2版）[M]. 北京：机械工业出版社，2015：38.

二、电镀废水的基本特性

（一）镀件清洗水

第一，除油工序清洗水：这类废水中含有 NaOH、Na_2CO_3、Na_3PO_4、Na_2SiO_3、$C_{17}H_{33}COONa$ 表面活性剂等。

第二，除锈、活化工序清洗水：这类废水中含有 H_2SO_4、HCl 表面活性剂等。

第三，氰化电镀清洗水：这类废水中含有 NaCN、NaOH、Na_2CO_3，其中还必定含有一种或几种重金属离子，如 Zn^{2+}、Cu^{2+} 等。由于氰化物是剧毒物质，而且在酸性条件下剧毒气体 HCN 会逸出液面，进入操作环境。

$$2NaCN+H_2SO_4 = Na_2SO_4+2NCN \uparrow$$

所以，含氰废水一定要分流排放、分类收集、分别处理。

第四，含铬清洗水：这类废水来自多个镀种、工序，如镀铬、镀锌钝化、塑料电镀粗化等，含有 Cr^{9+}、Cr^{2+}、Zn^{2+}、H_2SO_4、HNO_3 等。

第五，含镍清洗水：这类清洗水中有经济价值较高的 Ni^{2+}，还有 H_3BO_3、表面活性剂、光亮剂等。

（二）碱性除油废液

碱性除油废液的排放频率不算高，但它的浓度很高。一般钢铁件除油废液中含 NaOH（浓度为 20 ~ 60g/L）、Na_2CO_3（浓度为 20 ~ 40g/L），另外还有含量很高的 Na_3PO_4、Na_2SiO_3 等。这类高浓度的溶液淘汰时，不能一次性放入废水贮池中，只能放在专用贮槽中，根据每批废水处理需酸量按量加入。

（三）酸性活化废液

酸性活化废液排入频率是比较高的，H_2SO_4 浓度为 100 ~ 200g/L。这类溶液淘汰时，也不能一次性放入废水贮池中，也要用专用贮槽，根据每批废水处理需酸量按量加入。

（四）塑料电镀粗化废液

塑料电镀粗化废液中含 CrO_3（浓度为 250 ~ 350g/L）、H_2SO_4（浓度为 600g/L）。一般工厂使用七八天后就要淘汰。这类废液应该送到综合利用厂进行综合利用。如果在本厂内处理，既浪费大量化工原料，又增加了二次污染。

（五）化学镀镍槽报废液

化学镀镍槽报废液频率很高，而镍又是价格较高的金属，应该送到综合利用厂进行综合利用。如果在本厂处理不当，使镍离子成为很难利用的混合废渣，是一种很大的资源浪费。

三、电镀废水的类别划分

电镀废水含有的污染物如下：①重金属，常见的有铬、铜、镍、锌等；②酸碱类物质，如硫酸、盐酸、硝酸，以及氢氧化钠、碳酸钠、氰化物；③各种光亮剂、洗涤剂、表面活性剂、颜料等有机物；④油类；⑤金属氧化物。按处理工艺不同，将电镀废水分为三大类，即含氰废水、综合废水、含油废水。

（一）含氰废水

含氰废水一般都采用单独收集、单独处理。因为含氰废水第一步都需要氧化破氰处理，如果与其他废水混合，则会有以下弊病：

第一，冲淡氧化剂，增加氧化剂的使用量。

第二，如果同酸性物质混合排放，会产生氰化氢气体。氰化氢是剧毒物质，如果任其散入空气中，会严重损害身体健康。

第三，如果同其他重金属废水一起排放，会形成络合物使废水处理复杂化。有的工厂将含氰废水和碱除油废水一起排放，这是可行的，因为氰化物第一步处理是在碱性情况下进行的。

（二）综合废水

除含氰废水、含油废水外，其他废水都排入综合废水池。因此综合废水成分复杂，有六价铬、镍、铜、锌、各种添加剂、酸碱等。

第一，含六价铬废水。将含铬废水和酸洗、活化漂洗水一起混合较好。因为含铬废水处理的第一步，是在较低 pH 的情况下进行的，和酸洗水一起排放可以节约调节 pH 所需的硫酸的费用。如果电镀车间有条件，对含六价铬废水单独收集处理也是可以的。因为含铬废水第一步要经过还原处理，单独处理可以不浪费处理剂；还原处理后的沉淀物的 pH 容易控制。

第二，含镍废水。水量较少、条件较差的工厂，含镍废水大多采取混合排放。这样做往往使排放废水质量不稳定，产生的混合废渣还必须支付处置费用给综合利用工厂，既浪费了资源，又增加了经济支出。

如果含镍废水量大，在有条件的情况下应单独收集。其优点如下：①化学法处理含镍废水，在实际操作中 pH 控制在 10.5 ～ 11 之间效果较好。含镍废水单独排放、单独处理其沉淀，pH 不受其他重金属沉淀所需 pH 的影响，沉淀比较充分，处理后的水质容易达到排放标准。②化学法生成的沉渣相对比较单一，有利于下一步综合利用；沉渣出售较受欢迎，价格也较高。③条件较好的单位可用离子交换法处理含镍废水，镍盐可以回收作为本厂原料；经济条件更好些的工厂，可用反渗透法处理含镍废水，既可回收镍盐，又可回收纯水。

（三）含油废水

含油废水是指含有油脂或石油类物质的废水。它通常是工业生产、石油开采、油罐清洗等过程中产生的废水。这类废水含有大量油脂、溶解的烃类物质以及其他有害和有机化合物，对环境具有污染性。矿物油浮于液面会降低各种药剂的药效，影响废水的处理质量，并且污染处理厂的各种设置，所以要单独分离处理。

四、电镀废水污染物危害

电镀废水中的污染物较多，有镍、铜等重金属离子，有氰化物、酸、碱、油、磷、氮、添加剂、活性剂、光亮剂、油、废气等。被电镀废水污染的水源、土壤、地下水在短期内很难净化。这些有毒、有害污染物可以以空气、水体、食物等为介质，通过多种途径侵入人体。例如：①通过口腔、肠胃进入人体。口腔黏膜和肠胃均可吸收毒物，并需经过肝脏解毒。这个途径仅对口腔、肠胃、肝脏造成危害。②通过皮肤被人体吸收。这个途径不经过肝脏解毒，而直接进入血液循环，分布全身。

这些毒物，有的在血液中即同红细胞或血浆中的某些成分发生作用，破坏血液的输氧功能，抑制血红蛋白的合成代谢，发生溶血作用；有的在不同的器官和部位进行储存富集，产生毒性；有的进行生物转化，被肝脏解毒，经过消化道和呼吸道排出体外，少数也可以随汗液、乳汁、唾液等排出体外，个别进入毛发而脱离人体。

电镀废水中污染物对人体的危害，按时间分为急性、慢性和远期三种：

急性表现为剂量和效应之间的关系，以半数有效量（LC_{50}）表示，一般分为5级；慢性中毒一般要经过长时间之后才逐渐显露出来，人和动物对慢性中毒作用易呈现耐受性；远期污染物长时间作用于机体，往往会损及体内的遗传物质，会影响子孙后代的身体健康，包括致畸、突变、致癌作用。致畸指污染物通过人或动物母体影响胚胎发育和器官分化，使子孙出现先天畸形的作用；突变指污染物引起生物细胞或遗传信息发生突然改变；致癌指污染物诱发肿瘤发生，这与污染物剂量、体质、进入人体的途径和其他生活条件有关，即有时发生致癌，有时不发生致癌。

污染物在人体内的整个过程，即吸收、代谢、贮存、转移及排泄过程，它们与中毒症状的相应关系，现在并没有被充分认识。

（一）重金属污染物

重金属指原子序数在 21 ~ 83 之间的金属，或相对密度大于 4 的金属，微量时有益于微生物、动植物及人类；浓度超过一定值后，即会产生毒害作用，特别是汞、镉、铅、铬、砷及它们的化合物，称为五毒。

1. 铬（Cr）

铬有三价与六价之分。

（1）三价铬（Cr^{3+}）。这是生物必需的微量元素，有激活胰岛素的作用；但如积存在肺里，则对肺有损害。与六价铬相比，三价铬优点如下：①毒性是六价铬的1%。②镀液中含铬量约为铬酸液含铬量的1/7。③硬度较高，力学性能优良，分散能力和覆盖能力远远高于六价铬，沉积速度是六价铬电镀的两倍。主盐是氯化铬或硫酸铬，络合剂为甲酸、乙酸、苹果酸等有机酸。

三价铬的缺点如下：①对金属杂质比较敏感。②镀液成分复杂，稳定性差。③在阳极产生的六价铬离子会严重影响镀层质量，以至完全不能镀出合格产品。④镀层为不锈钢色泽，但随时间加长或镀层变厚，镀层光泽变暗，不像六价铬镀铬白里带青的颜色。⑤镀液含氯化物，会产生氯气。虽然采用多孔隔膜或添加某些化学试剂可以抑制氯气的排放，但仍需通风设备。这些缺点制约了三价铬电镀的推广。

（2）六价铬（Cr^{6+}）对人体危害较大。六价铬的毒性是三价铬的100倍，可在人、鱼和植物体内蓄积。

第一，对皮肤有刺激和过敏作用。手、腕、前臂、颈部接触铬酸雾、铬酸盐后，会出现皮炎；六价铬经过伤口和擦伤处进入皮肤，会引起铬溃疡（铬疮），愈合后会留下界线分明的圆形萎缩性疤痕。

第二，损坏呼吸系统。长期吸入铬雾，首先会引起鼻中隔出血，导致鼻中隔黏膜糜烂，鼻中隔变薄，最后出现穿孔；其次会造成咽喉充血，引起萎缩性咽喉炎。初始症状有打喷嚏、流鼻涕、咽喉发红、支气管痉挛、咳嗽头痛，能导致支气管癌。

第三，损害内脏。六价铬进入消化道，会造成味觉和嗅觉减退以至消失，剂量小时也会腐蚀内脏，引起肠胃功能降低，出现胃痛，甚至肠胃道溃疡。

电镀及电镀废水处理中，要防止铬雾的形成，如果无法避免，则要有与人体隔离的措施。

水中含铬在 1mg/L 时，可刺激作物生长；含铬在 1～10mg/L 时，作物生长缓慢；含铬在 100mg/L 时，作物几乎停止生长。废水中含有铬化合物时，会降低废水生物处理的效率。微溶于水的六价铬盐还具有致癌作用。

镀铬用的化工原料是铬酐，在废水中随 pH 不同，以 CrO_4^{2-} 和 $Cr_2O_7^{2-}$ 号 – 两种六价铬形式存在。

2. 镍（Ni）

镍进入人体后主要存在于脊髓、脑及五脏中，以肺为主，毒性主要表现在抑制酶系统。误服大量的镍盐时，可产生急性胃肠道刺激现象，发生呕吐、腹泻，严重时会引起酶系统中毒，甚至危及生命。皮肤过敏的人长期接触镍盐，先是发痒，继而产生皮疹，出现溃疡。

3. 铜（Cu）

铜是生命所必需的微量元素之一，但过量的铜对人、动植物都有害。铜中毒时会引起脑病、血尿、腹痛，甚至意识不清等。接触高浓度铜化合物时，可发生皮炎和湿疹；眼睛接触铜盐，可发生眼睑水肿，严重者可发生眼混浊和溃疡。镀液中主要以硫酸铜、焦磷酸铜、氰化亚铜等形式存在。水中铜含量达到 0.01mg/L 时，对水体的自然净化有明显的抑制作用。例如，含铜废水进入农田后，铜会被植物吸收，造成生长不良，并会污染作物籽粒。铜也会在土壤中富集，使土质恶化。

4. 锌（Zn）

锌是人体必需的微量元素之一。正常人每天从食物中吸入锌 10～15mg，贮存在肝里，形成锌硫蛋白，是供给人体肌体生理反应所需的锌。但误食过量的锌，会引起急性肠胃炎症状，如恶心、呕吐、腹痛、腹泻、偶尔腹部绞痛，同时伴有头晕、周身乏力；误食氯化锌会引起腹膜炎，导致休克、死亡。用含锌废水灌溉农田，使土壤中细菌数减少，微生物作用减弱。锌在电镀行业中是使用最多的金属之一，以氧化锌、氯化锌、硫酸锌等锌盐配入镀液。

5. 镉（Cd）

镀镉层具有许多优良性能，在宇航、船舶、仪表行业应用较多。镉在人体内形成镉硫蛋白，通过血液到达全身，并有选择地蓄积于肾脏、肝脏中，造成骨质疏松、萎缩，并可引起贫血；可使温血动物和人的染色体发生畸变。镉在人体中的生物半衰期很长，可达 $10 \sim 25$ 年，体内积累的镉代替了骨骼中的钙而使骨质变软。患此病者营养吸收困难，最后发生废用性萎缩，并发肾功能衰竭和其他感染等并合症而死亡。

（二）氰化物污染物

氰化物是剧毒的物质，人体对氰化钾中毒的致死量为 0.25g（纯净的氰化钾为 0.15g），氰化钠为 0.10g。氢氰酸的致毒作用极为迅速，经口腔黏膜吸入一滴（约 50mg）瞬间就可死亡。废水中的氰化物即使是络合状态，当 pH 呈酸性时，也会成为氰化氢气体逸出而发生毒害作用。氢氰酸能与活细胞内的 Fe^{3+} 络合，特别是和含铁呼吸酶结合，使氧化酶失去传递氧的作用，即可使全部组织的呼吸麻痹。氰化物中毒症状最初是呼吸兴奋，经过麻痹、侧卧、昏迷不醒、痉挛等过程，全身细胞缺氧而窒息死亡。在水中以 CN^- 存在，若遇酸性介质，则 CN^- 能生成毒性极强的挥发性氢氰酸 HCN。当水中游离 CN^- 达到 0.05mg/L 以上时，会使鱼类死亡。氰化物对其他水生生物也同样具有毒性。

（三）酸与碱污染物

pH 过高或过低，会消灭或抑制一些有助于水净化的细菌及微生物的生长，从而影响了水的自净能力（水中某些微生物能分解有机污染物而使水净化），同时也增加了对水下设备和船舶的腐蚀作用。pH 为 5 时，对一般鱼类有损害；如排入农田，则改变土壤性质，使农作物生长受影响。酸、碱在电镀行业用量很大，大多数是用于镀前预处理。酸类有硫酸、盐酸、硝酸和磷酸；碱类有氢氧化钠、碳酸氢钠等。另外，由于废水处理时投加酸、碱调节 pH，因此废水中含盐量较高。

（四）油污染物

油能够覆盖水面形成薄膜层，一方面阻止大气中氧在水中溶解；另一方面因其自身生物分解和自身氧化作用，消耗水中大量的溶解氧，致使水体缺氧，同时油膜堵塞鱼的鳃部，使鱼呼吸困难。用油污水灌田，也可因油黏膜黏附在农作物上而使其枯死。

（五）磷与氨污染物

磷、氮分解过程中大量消耗水中的溶解氧，释放出养分，使藻类及浮游生物大量繁殖，以致阻塞水道。水体富营养化时，由于缺氧，大多数水生动物、植物不能生存，遗骸在水中沉积腐烂，使水质不断恶化。

（六）废气污染物

废水处理厂中许多处理池是敞开的，蒸发在空气中的有酸碱废气、含氢废气、铬酸废气、氮氧化物废气及含苯废气。这些废气的危害如下：

第一，酸碱废气是脱脂除油时产生的，对人的呼吸系统有刺激作用。

第二，含氰废气是氢氰酸产生的，有苦杏仁气味，可以被多种物质吸收，如木材、砖墙、水泥等，是一种剧毒物质。

第三，铬酸废气能引起人的上呼吸道感染、铬疮、皮炎等病。

第四，氮氧化物废气是铜、铝等工件在采用硝酸处理过程中产生。其中，一氧化氮与血液中血红蛋白相结合，生成不活泼的氧化氮血红蛋白，引起组织缺氧；二氧化氮刺激肺和气管而引起咳嗽、血压下降、神经系统麻痹及慢性气管炎。

第五，含苯废气在使用苯、甲苯、二甲苯等有机溶剂脱脂时产生。长期吸入含苯废气会引起慢性中毒，如记忆力减退、乏力、眼睛失明、白细胞减少等症状。

（七）其他污染物

添加剂、活性剂、光亮剂及油脂皂化物都是有机物，有一定的毒性。排入水体后，要大量消耗水中的溶解氧，形成复杂的化合物，有的甚至是长期无法降解。

五、电镀废水的处理方法

电镀废水中的污染物含有氰化物、多种重金属及多种有机物，一种处理方式不能把所有的污染物去除干净，需要通过几个处理方式组成的处理系统，才能达到排放标准。处理方式有许多种，下面探讨常见分类方式：

（一）按处理方式分类

1. 物理法

物理法主要通过重力、离心、筛滤的物理作用，分离呈悬浮状态的污染物质。重力法通过沉砂池、沉淀池、气浮池，使污染物沉淀或上浮来实现；离心法通过离心机来实现固液分离；筛滤法通过隔栅、砂滤池、介质过滤器、活性炭过滤器、保安过滤器等来实现。

2. 化学法

化学法主要有混凝法、中和法、氧化还原法，现代又推出整合法。主要通过以投放化学药剂产生混凝、中和、氧化还原、离子交换化学反应的方式，去除呈溶解状、胶体状的污染物。

（1）混凝法。废水中常有不易沉淀的细小的悬浊物，它们往往带有相同的电荷，因此相互排斥而不能凝聚。若加入某种电解质（即混凝剂）后，由于混凝剂在水中能产生带相反电荷的离子，使水中原来的胶状悬浊失去稳定性而沉淀下来，达到净化水的效果。

（2）中和法。调节 pH，使废水中重金属离子生成难溶的氢氧化物沉淀而除去。

（3）氧化还原法。溶解在废水中的污染物质，有的能与某些氧化剂或还原剂发生氧化还原反应，使有害物质转化为无害物质，以达到处理废水的效果。

化学法纷繁复杂，但其基本规律却是十分简单和清晰的。其基本规律是：反应的质量和质量守恒、反应的方向及限度和速率。这些基本规律在几个重要反应中的应用，构成了化学的复杂性。这几个重要反应是：氧化还原反应、离子反应、有机高分子反应。掌握了这些基本规律和重要反应，许多化学反应都可以认识和利用，并可在具备试验的条件下，对化学变化进行控制和设计。

3. 物理化学法

物理化学法这是既有物理作用，又有化学作用的处理方法，即电渗析、膜分离技术，用电渗析、膜分离的方法去除污染物。

电渗析是利用电场作用将离子从一个电解质溶液转移到另一个电解质溶液的过程。它通过根据离子的电荷选择性地移动，借助于一个或多个离子交换膜，将混合物中的离子分离出来。电渗析通常用于溶液中离子的分离和浓缩，如盐水的脱盐和酸碱溶液的纯化。该方法具有操作简单、连续操作和较高的选择性等优点。

膜分离是利用半透膜对混合物进行分离的过程。半透膜具有透过某些组分而阻止其他组分通过的特性，可以实现不同组分之间的选择性分离。常见的膜分离方法包括微滤、超滤、纳滤、反渗透等。微滤和超滤主要用于悬浮固体颗粒和高分子溶液的分离；纳滤主要用于分离小分子和大分子；反渗透主要用于溶液中的溶质和水的分离。膜分离方法具有操作简便、高效、节能等优点，广泛应用于水处理、制药、食品加工等领域。

4. 生物法

生物法主要通过微生物的代谢作用，去除废水中呈溶液态、胶体态及细微悬浮态的有机物，具体原理有厌氧、缺氧、好氧。具体工艺有生物膜法、SBR 法（间歇曝气活性污泥工艺或序批式活性污泥工艺）、ABR 法（第三代厌氧反应器）、AB 法（吸附－生物降解工艺）、A/O 与 A2/O 法（厌氧－好氧工艺与厌氧－缺氧－好氧工艺）等。

（二）按处理程度分类

按处理程度可分为一级处理、二级处理和三级处理。

第一，一级处理：去除漂浮物、悬浮物、重金属，调节 pH，常用物理法与化学法结合。污水经一级处理后，一般达不到排放标准，COD 较高，还需进行二级处理。

第二，二级处理：降低 COD，即去除呈溶液态、胶体态及细微悬浮态的有机物，常用厌氧法、好氧法（生活膜法及活性污泥法），水质达到排放标准。随着经济的发展，企业不断增多，企业生产发展，导致污水量不断增加，水资源日益紧张。因此，在二级处理的基础上，还要进行三级处理，以便达标水能再回到生产线上重复使用。

第三，三级处理：完善的三级处理内容是脱盐、脱氮除磷、去除病毒、细菌，回用到生产线上，常用 MBR+RO 或 UF+RO 方式实现。三级处理耗资较大，管理也较复杂。

第六节　线路板废水处理

线路板废水处理技术是一项重要的环境保护工作，旨在减少和消除电子制造过程中产生的废水对环境造成的不良影响。随着电子行业的快速发展，线路板生产过程中产生的废水中含有大量有毒有害物质，如重金属、有机物和无机盐等，如果不经过有效的处理，将对水体和生态系统造成严重威胁。因此，开展线路板废水处理研究是十分必要和紧迫的。

一、线路板废水的具备的特性

第一，含有有毒有害物质：线路板生产过程中使用的化学药剂和蚀刻剂中含有大量的重金属（如铜、铅、镍、锡）和有机物，这些物质在废水中会以高浓度存在，对水体和生态环境构成严重威胁。

第二，高浓度和复杂组分：线路板废水中的有害物质浓度通常较高，组分也较为复杂，这增加了废水处理的难度。

第三，变化性强：线路板生产过程中的废水性质受到生产工艺、生产设备以及原材料的不同影响，导致废水性质的变化性较大。

第四，大量的废水排放：随着电子产品的广泛应用，线路板生产规模不断扩大，产生的废水量急剧增加。

二、线路板废水处理技术分析

为了有效处理线路板废水，需要采用多种废水处理技术来降低有害物质的浓度，达到排放标准或循环利用的要求。以下是一些常用的线路板废水处理技术：

第一，生物处理：生物处理是利用生物活性污泥降解有机物和微生物对重金属的吸附作用，将有机物和重金属转化为稳定和无害的物质。生物处理技术具有投资和运行成本低、处理效率高、废泥产生少等优点。

第二，化学沉淀：化学沉淀是通过加入适当的化学药剂，使废水中的重金属离子与沉淀剂形成沉淀，从而达到去除重金属的目的。

第三，膜技术：膜技术包括超滤、纳滤和反渗透等，可以有效去除废水中的悬浮物、胶体、有机物和重金属等，达到净化水质的目的。

第四，吸附技术：吸附技术是利用吸附剂对废水中的有害物质进行吸附，常用吸附剂有活性炭、离子交换树脂等。

第五，高级氧化技术：高级氧化技术包括光催化、臭氧氧化和 Fenton 氧化等，能够将有机物和有害物质降解为无害的小分子物质。

三、线路板废水处理时的挑战

尽管上述技术在一定程度上可以解决线路板废水处理问题，但仍然面临一些挑战：

第一，技术选择：不同的线路板废水特点各异，处理技术的选择需要根据具体情况进行合理搭配，形成一个高效的处理流程。

第二，技术成熟度：一些新兴的废水处理技术在实际应用中尚处于研究和试验阶段，其成熟度和可行性还需要进一步验证。

第三，废水处理成本：一些高级处理技术的投资和运营成本较高，对于中小型企业来说可能难以承受。

第四，废水排放标准：不同地区对于线路板废水排放的标准不尽相同，一些地方的标准可能较为宽松，导致一些企业缺乏对废水处理的积极性。

四、线路板废水处理未来展望

针对线路板废水处理的挑战，未来需要进一步加强科研力量，推动废水处理技术的创新和升级。同时，加强政策引导，鼓励企业采用更加环保和节能的生产工艺，减少废水产生。政府可以通过制定更为严格的废水排放标准，激励企业进行技术改造和投资，推动整个行业的环保水平提升。此外，企业间的合作也是重要的一环，因此可以通过行业协会等平台，促进企业之间的技术交流和合作，共同解决废水处理技术和成本方面的问题。

线路板废水处理是一个复杂而重要的课题。通过科技创新、政策引导和企业合作，我们有信心能够找到更加可行和有效的处理方案。未来的发展方向可以有以下方面：

第一，技术研发和应用：加大对线路板废水处理技术的研发力度，推动新技术、新材料和新工艺的应用。例如，发展更高效的生物处理技术，提高其对重金属和有机物的去除能力；推进膜技术的发展，提高废水处理的精细化程度；拓展高级氧化技术的应用领域，增强其对难降解有机物的降解效果。

第二，智能化和自动化：引入智能化和自动化技术，提高废水处理过程的监测、控制和运营效率。通过数据分析和人工智能算法，实现对废水处理过程的实时监控和预警，及时应对异常情况，提高处理效率和稳定性。

第三，废水资源化利用：将废水中的有用物质进行回收和利用，实现资源化利用。例如，回收废水中的金属离子，再利用于线路板生产中，减少对原材料的依赖；利用废水中的有机物进行能源回收，提高资源利用效率。

第四，加强行业监管和标准制定：政府应加强对电子制造行业的监管力度，确保企业严格遵守废水排放标准。同时，鼓励行业组织和专家学者参与废水处理技术标准的制定，确保标准科学合理、符合实际情况。

第五，提高企业环保意识：企业是线路板废水处理的直接责任主体，应加强环保意识，树立绿色发展理念，自觉履行社会责任。政府可以通过激励政策和奖惩机制，鼓励企业加大环保投入，推动企业向绿色生产转型。

总而言之，线路板废水处理是一个涉及技术、政策和企业责任的综合性问题。只有通过全社会的共同努力，才能实现线路板废水的有效处理和资源化利用，保护水环境，推动电子行业的可持续发展。

参考文献

[1] 白永秀，鲁能，李双媛．双碳目标提出的背景、挑战、机遇及实现路径 [J].中国经济评论，2021（5）：10-13.

[2] 曹立．数字时代的碳达峰与碳中和 [M].北京：新华出版社，2022.

[3] 常艳丽．含镉废水处理技术研究进展 [J].净水技术，2013，32（3）：1.

[4] 陈柳州，赵泉林，叶正芳．食品工业废水处理技术研究进展 [J].应用化工，2022，51（8）：2332-2336.

[5] 代学民，邓大鹏，南国英，等．纺织染整废水处理工程设计与调试 [J].染整技术，2017，39（1）：69-72，75.

[6] 杜国勇，杨月，王永红．含油废水吸附处理技术研究综述 [J].应用化工，2021，50（9）：2490-2495.

[7] 段光复．电镀废水处理及回用技术手册（第2版）[M].北京：机械工业出版社，2015.

[8] 方元狄，张静，郑中原，等．焦化废水处理试验系统出水的生物毒性变化 [J].生态毒理学报，2017，12（3）：317-326.

[9] 付永川，杨海蓉，张君，等．含油废水吸附处理技术研究进展 [J].应用化工，2017，46（10）：2035-2038.

[10] 高凤娇，成官文，段绍彦，等．酿造废水深度处理实验研究 [J].水处理技术，2020，46（7）：26-31.

[11] 郭宇杰，修光利，李国亭．工业废水处理工程 [M].上海：华东理工大学出版社，2016.

[12] 姬志恒，于伟．中国工业用水效率的空间差异及驱动机制 [J].工业技术经济，2022，41（12）：86-93.

[13] 雷文锋．双碳信息化建设的意义及思路 [J].商展经济，2023（5）：

148-150.

[14] 李望，朱晓波．工业废水综合处理研究 [M]．天津：天津科学技术出版社，2017．

[15] 李志刚，孙鹏程，张立辉，等．实用性焦化废水处理技术的优选 [J]．环境工程，2014，32（6）：8-10，56．

[16] 廖权昌，殷利明．污废水治理技术 [M]．重庆：重庆大学出版社，2021．

[17] 林永秀，牟达的．废水的厌氧生物处理技术浅析 [J]．农业与技术，2013（9）：20．

[18] 刘俊逸，吴田，李杰，等．高性能炭材料深度净化含酚废水研究进展 [J]．工业水处理，2020，40（1）：8-12，17．

[19] 刘俊逸，张宇，张蕾，等．含酚工业废水处理技术的研究进展 [J]．工业水处理，2018，38（10）：12-16．

[20] 刘尚超，薛改凤，张垒，等．焦化废水处理技术研究进展 [J]．工业水处理，2012，32（1）：15-17．

[21] 马永喜，王娟丽，李一．纺织工业废水处理模式改进研究 [J]．丝绸，2017，54（4）：37-42．

[22] 任南琪．高浓度难降解有机工业废水生物处理技术关键 [J]．给水排水，2010，36（9）：1-3，58．

[23] 沈丽尧，冷云伟，何环，等．酿造废水处理系统中微生物多样性的分析 [J]．中国酿造，2012，31（10）：162-165．

[24] 汤茂玥，李宜真．"双碳"愿景提出的时代背景与价值意义 [J]．佳木斯职业学院学报，2022，38（4）：38-40．

[25] 田帅，朱易春，黄书昌，等．厌氧生物处理低浓度污水研究进展 [J]．化工进展，2021，40（4）：2338-2346．

[26] 王俐．中国提出双碳目标的历史背景、重大意义和实现路径 [J]．哈尔滨师范大学社会科学学报，2023，14（3）：41-45．

[27] 王树林，常丽春，贾立敏，等．我国纺织染整企业废水处理相关问题探讨 [J]．给水排水，2012，48（3）：61-64．

[28] 王耀，郭徽，马晓东，等．Fenton 氧化法在造纸废水处理中的应用 [J]．中国造纸，2014，33（2）：79-81．

[29] 王长青，张西华，宁朋歌，等．含油废水处理工艺研究进展及展望 [J]．

化工进展，2021，40（1）：451-462.

[30] 吴启悦，李泓宣，张凤山，等 . 基于 GPS-X 的造纸废水处理过程动态仿真研究 [J]. 中华纸业，2021，42（22）：16-21.

[31] 肖九梅 . 破解印染废水处理之困智引纺织行业绿动未来 [J]. 印染助剂，2017，34（10）：6-12.

[32] 谢冰 . 废水生化处理 [M]. 上海：上海交通大学出版社，2020.

[33] 熊富忠，温东辉 . 难降解工业废水高效处理技术与理论的新进展 [J]. 环境工程，2021，39（11）：1-15，40.

[34] 徐锭明，李金良，盛春光 . 碳达峰碳中和理论与实践 [M]. 北京：中国环境出版集团，2022.

[35] 徐英杰，夏洪应，蒋桂玉，等 . 水体脱砷技术的研究现状 [J]. 工业水处理，2023，43（4）：11-21.

[36] 徐雨芳，张弘，曾庆龙 . 含铅废水处理技术研究进展 [J]. 安徽农业科学，2014（9）：2709-2711.

[37] 许莹莹 . 工业用水库兹涅茨曲线及其形成机制 [J]. 长江科学院院报，2022，39（2）：28-34.

[38] 杨越，陈玲，薛澜 . 迈向碳达峰碳中和目标路径与行动 [M]. 上海：上海人民出版社，2021.

[39] 张学敏，王三反 . 焦化废水处理方法研究与进展 [J]. 工业水处理，2015（9）：11-16.

[40] 张彦 . 纺织印染废水处理的自动化策略与系统设计 [J]. 工业水处理，2021，41（3）：133-136.

[41] 章志青，夏文明，周祯领，等 . 某工业区电镀废水处理工艺的设计 [J]. 电镀与涂饰，2021，40（13）：1052-1056.

[42] 赵文玉，林华，许立巍 . 工业水处理技术 [M]. 成都：电子科技大学出版社，2019.

[43] 钟敏，宋黎明，王子，等 . 石油工业废水处理技术及应用概述 [J]. 科学技术与工程，2013，13（34）：10244-10249.

[44] 杨旭军，陆永明，朱杰，等 . 工业废水处理再利用若干问题的探讨 [J]. 山西化工，2023，43（5）：246.